火力発電所の環境保全

千葉 幸 著

「d-book」シリーズ

http://euclid.d-book.co.jp/

電気書院

目　次

1　火力発電所の環境対策

- 1・1　公害の定義と種類 …………………………………………………………… 1
- 1・2　火力発電所の公害の要因 ……………………………………………………… 1
- 1・3　公害に対する法律 ……………………………………………………………… 2

2　大気汚染　　　　　　　　　　　　　　　　　　　　　　　　　　　　　4

3　集塵装置

- 3・1　集塵装置の種類 ………………………………………………………………… 6
- 3・2　サイクロン集塵器 ……………………………………………………………… 7
- 3・3　電気集塵器 ……………………………………………………………………… 8

4　SO_x対策と排煙脱硫装置

- 4・1　硫黄酸化物対策 ………………………………………………………………… 12
- 4・2　排煙脱硫装置 …………………………………………………………………… 12
- 4・3　排煙脱硫技術の現状 …………………………………………………………… 14

5　NO_x対策と排煙脱硝装置

- 5・1　NO_xの生成機構 ……………………………………………………………… 15
- 5・2　NO_xの発生・排出防止対策 ………………………………………………… 15
- 5・3　排煙脱硝装置 …………………………………………………………………… 17
- 5・4　ガスタービンでのNO_x低減対策 …………………………………………… 20

6　排水処理設備

- 6・1　火力発電所の排水 ……………………………………………………………… 22
- 6・2　排水処理の方法 ………………………………………………………………… 24

7　騒音対策

　　7・1　火力発電所の騒音源 ………………………………………………… 27
　　7・2　各種騒音に対する対策 ……………………………………………… 27

8　温排水対策

　　8・1　温排水の放出と拡散 ………………………………………………… 31
　　8・2　温排水の影響と防止対策 …………………………………………… 32

9　その他の対策

　　9・1　産業廃棄物 …………………………………………………………… 34
　　9・2　炭　塵 ………………………………………………………………… 35
　　9・3　漏油・廃油 …………………………………………………………… 36
　　9・4　二酸化炭素（CO_2）対策ほか …………………………………… 36

演習問題　　　　　　　　　　　　　　　　　　　　　　　　　　　40

1 火力発電所の環境対策

産業の発達とともに公害問題が一段と重要視されるようになった．国民の健康を保護し，合わせて生活環境を保全するため，公害対策基本法，大気汚染防止法，硫黄酸化物にかかわる環境基準，騒音規制法などが制定され，各工場および事業場において，公害防止対策がすすめられている．

1・1 公害の定義と種類

昭和42年に制定された公害対策基本法によると，

公害　「公害とは，事業活動その他人の活動に伴って生ずる相当範囲にわたる大気の汚染，水質の汚濁（熱による汚染を含む），土壌の汚染，騒音，振動，地盤の沈下および悪臭によって，人の健康または生活環境に係る被害が生ずること」
となっている．

一般的にいわれている公害の種類と対象を例示すると，**表1・1**のようになる．

表1・1　公害の種類と対象物

公害の種類	対　　　象　　　（例示）
大気汚染	ボイラ，工業窯炉，清掃工場，ビル暖房，自動車，航空機などから排出する硫黄酸化物，窒素酸化物，ばい塵や光化学反応によるオキシダントなどによる汚染
水質汚濁	工場排水，都市排水，家畜排水，し尿投棄などによる汚濁
土壌汚染	農薬，肥料などによる汚染
騒音，振動	工場，建設工事，自動車，航空機などによる騒音，振動
地盤沈下	工業用水汲上，ビル用水汲上などによる沈下
悪　臭	工場（硫化水素，アンモニアなど），家畜排泄物，し尿処理場などから出る悪臭

1・2 火力発電所の公害の要因

火力発電所がその発生源になると考えられている公害の要因と影響をあげると，**表1・2**のようになる．

1 火力発電所の環境対策

表1・2(a) 火力発電所の公害の要因

発生物質等	関係施設	発生
硫黄酸化物（SO_x）	ボイラ	燃料が燃えると，燃料中の硫黄分と空気中の酸素が化合して亜硫酸ガスとなり，このなかの約1％が酸化されて無水硫酸となる．これらを総称して硫黄酸化物と呼んでいる．
窒素酸化物（NO_x）	ボイラ	ボイラ内部で燃焼用に使われた空気が高温になると，空気中の窒素や燃料中の窒素分が酸素と化合して窒素酸化物ができる．窒素酸化物は一酸化窒素と二酸化窒素とからなり，このうち一酸化窒素が煙道では約90％を占めている．
ばい塵	ボイラ	燃料の燃焼に伴って目に見えない程度の小さい浮遊性のばい塵が発生する．
騒音	通風機	通風機の吸込音や回転音が出る．
	安全弁	定期検査時の安全弁調整などの際，一時的に高圧蒸気の噴出音が出る．
	変圧器	変圧器の鉄心の磁気振動により振動音が出る．
産業廃棄物	ボイラ	ボイラから燃えがらが出る．
	電気集塵器	電気集塵器で補集されたばい塵が出る．
	総合排水処理装置	総合廃水処理装置の汚水処理により貯った沈殿物が出る．
温排水	復水器	タービンを回した蒸気を水に戻すため，復水器の中で海水を使って冷却する際に，冷却水の温度が若干（7℃程度）上昇する．
構内排水	純水装置等	純水装置からの排水，油分を含む機器洗浄水，生活排水などの排水がある．

表1・2(b) 汚染物質と影響

大気汚染物質	人に対する影響
硫黄酸化物	これを多く含んだ空気を長期にわたって吸込んだ場合，胸部の圧迫感，呼吸数の増加，鼻腔粘膜の刺激感など呼吸器系統に影響し，吸込む量と濃度によっては，ぜんそくなどの原因となることがある．
窒素酸化物	
光化学オキシダント	目がチカチカしたり，頭痛がしたりすることがある．運動中や運動後は，被害が出やすいといわれている．
ばい塵	濃度の高い硫黄酸化物や窒素酸化物と一緒に吸込んだ場合，ぜんそくなどの原因になることがある．

1・3 公害に対する法律

公害対策基本法　公害対策基本法にもとづいて，大気汚染，水質汚濁，騒音などの種類ごとに規制の対象となる施設や規制の基準を法律で具体的に定めるとともに，公害防止組織整備法により，工場や発電所における公害防止管理者や責任者の選任など，公害防止体制の充実・整備をはかるよう定められている．

1·3 公害に対する法律

- 大 気 汚 染 防 止 法 ——硫黄酸化物,窒素酸化物,ばい塵の排出基準
- 水 質 汚 濁 防 止 法 ——排出水の規制基準
- 騒 音 規 制 法 ——騒音の規制基準
- 振 動 規 制 法 ——振動の規制基準
- 悪 臭 防 止 法 ——悪臭物質(アンモニアなど)の規制基準
- 廃棄物の処理および清掃に関する法律 ——産業廃棄物の処理・保管方法の規定
- 特定工場における公害防止組織の整備に関する法律 ——公害防止体制の整備・拡充の規定

なお公害防止協定なるものがあるが,これは法律によって義務づけられるものでなく,企業と地元自治体との合意にもとづいて結ばれるものである.

2　大気汚染

大気汚染は広範囲にわたって人の健康と生活環境に影響を及ぼすものである．

大気汚染物質

(1) 大気汚染物質の種類

火力発電所から発生する大気汚染物質には，

(a) ばい塵：燃料中の不燃物質および燃焼後の灰およびすす．
(b) 硫黄酸化物：燃料中の硫黄分によるSO_2およびSO_3．
(c) 窒素酸化物：燃料中の窒素分によるNO_Xと，空気中の窒素によるNO_X．

が代表的なものとしてあり，この他に，近年，環境問題としてクローズアップされているものに

(d) 二酸化炭素

がある．なお，LNG中には，硫黄分，窒素分および灰分はほとんど含まれない．

大気汚染防止

(2) 大気汚染防止対策

ばい塵

(1) ばい塵

ばい塵の発生防止対策は，

・良質燃料を使用する．
・液体燃料の場合，霧化をよくして噴霧粒径を小さくする．
・火炎が燃焼室壁に接触しないようにする．
・燃焼室の設計に適した空気比を保ち，燃料と空気の良好な混合を行わせる．

など，燃焼管理を徹底し，燃料を完全燃焼させることである．

排出防止対策は，遠心力集塵装置（サイクロン集塵装置），電気集塵装置，ろ過集塵装置（バグフィルタ）などの集塵装置を設置することである．

・アンモニア注入装置を設置して，排煙中の酸分を中和凝集して集塵を容易にする．

硫黄酸化物

(2) 硫黄酸化物

硫黄酸化物の発生防止対策は，

・硫黄分の少ない良質の燃料（低硫黄重原油，硫黄分ゼロのLNG）を使用する．

排出防止対策は，

・排煙脱硫装置を設置し，排ガス中のSO_Xを除去する．装置は，大別すると乾式法と湿式法に分けられる．
・高い煙突によって排煙を空高く吹上げ地上濃度を減少させる．

窒素酸化物

(3) 窒素酸化物

窒素酸化物の発生防止対策は，

・N分の少ない燃料を使用する．
・低酸素燃焼方式の採用
・二段燃焼法の採用

2 大気汚染

・排ガス再循環法の採用
・低NO_xバーナの採用
・コーナファイアリング方式の採用

などが行われている．

排出防止対策は，

・排煙脱硝装置を設置し，排ガス中のNO_xを除去する．装置は接触還元法が主流である．

二酸化炭素

(4) 二酸化炭素

二酸化炭素の回収技術そのものはすでに確立されているが，これを火力発電所のような大量発生源に適用するのはまだ困難で，適用事例はない．

図2・1は大気汚染防止対策の概要を示す．

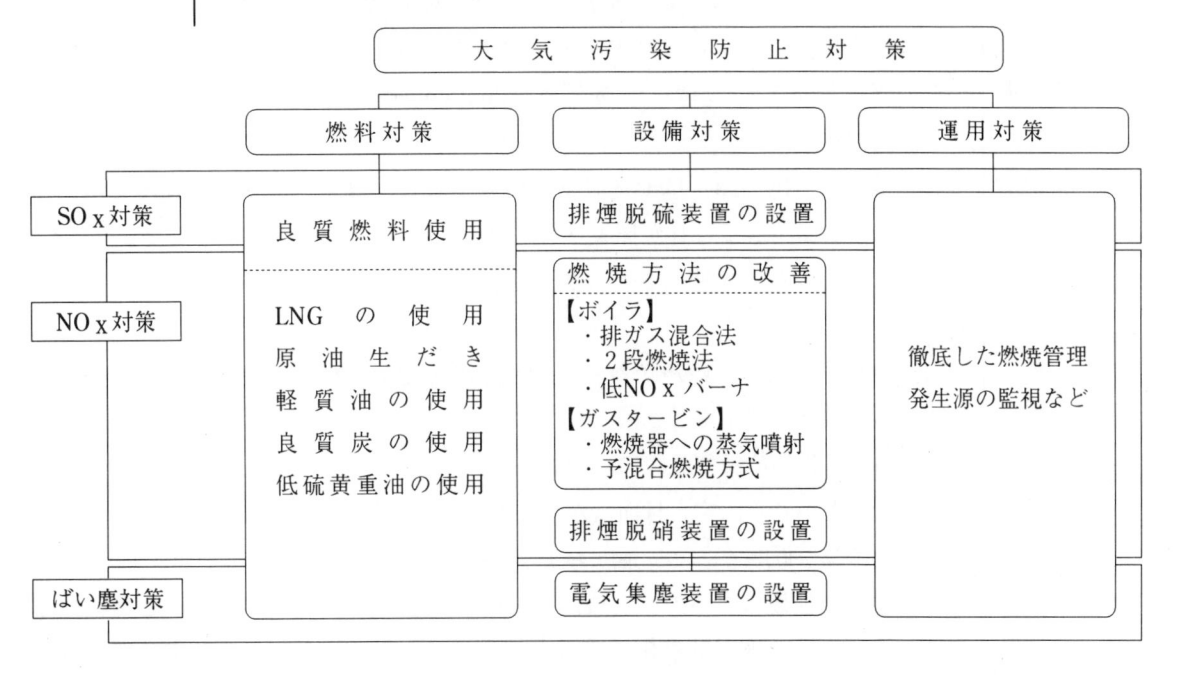

```
大気汚染防止対策
├─ 燃料対策
├─ 設備対策
└─ 運用対策
```

対策	燃料対策	設備対策	運用対策
SO_x対策	良質燃料使用	排煙脱硫装置の設置	徹底した燃焼管理 発生源の監視など
NO_x対策	LNGの使用 原油生だき 軽質油の使用 良質炭の使用 低硫黄重油の使用	燃焼方法の改善 【ボイラ】 ・排ガス混合法 ・2段燃焼法 ・低NO_xバーナ 【ガスタービン】 ・燃焼器への蒸気噴射 ・予混合燃焼方式 排煙脱硝装置の設置	
ばい塵対策		電気集塵装置の設置	

図2・1　大気汚染防止対策の概要

3 集塵装置

3·1 集塵装置の種類

　ボイラ燃焼ガス中に含まれるすすあるいは灰が煙突から吐出されるために，熱管理および環境衛生上からこれの防止が要求される．とくに微粉炭燃焼の場合の煙突からの灰は多量であるため，集塵装置（dust collector または cinder catcher）を設置する必要がある．

　この飛散灰（fly ash）はセメントに混入すると，コンクリートの強度を増すために積極的に集塵装置でこれが採集されている．

　一般に火力発電所で使用される集塵装置はつぎのような条件を具備する必要がある．

(1) 微粒子の大きさにかかわらず分離作用を完全に行い，負荷の変動に関係なく高効率を保持すること．
(2) 構造操作が簡単で故障のないこと．
(3) 形状が小さく，すえ付面積が小であること．
(4) 設備費が低廉であり，運転および補修に費用のかからないこと．

　集塵装置の種類については一般的なものを大別すると電気的なものと機械的なものになるが，その種別は表3·1に示すとおりである．しかし火力発電所では電気集塵器（EP）とサイクロン集塵器が多く使用されている．また集塵装置の設けられる位置は図3·1に示すように，空気予熱器と脱硫装置の間のいわゆる煙道中である．図3·2は各集塵装置の特性曲線を示す7．

表3·1 集塵装置の種類とその使用例

原　　　　理	使　用　例	分離粒子範囲 （ミクロン）
重力沈降を利用する沈降分離法	沈降室	200以上
慣性力を利用する方法	邪魔板室	50〜150
遠心力を利用する方法	サイクロン集塵器	5〜60
高圧直流電圧を利用する方法	コットレル電気集塵器	0.001〜10
ろ過方法	袋ろ過室	0.1〜0.5
洗浄方法	噴霧塔	0.01〜30

3・2 サイクロン集塵器

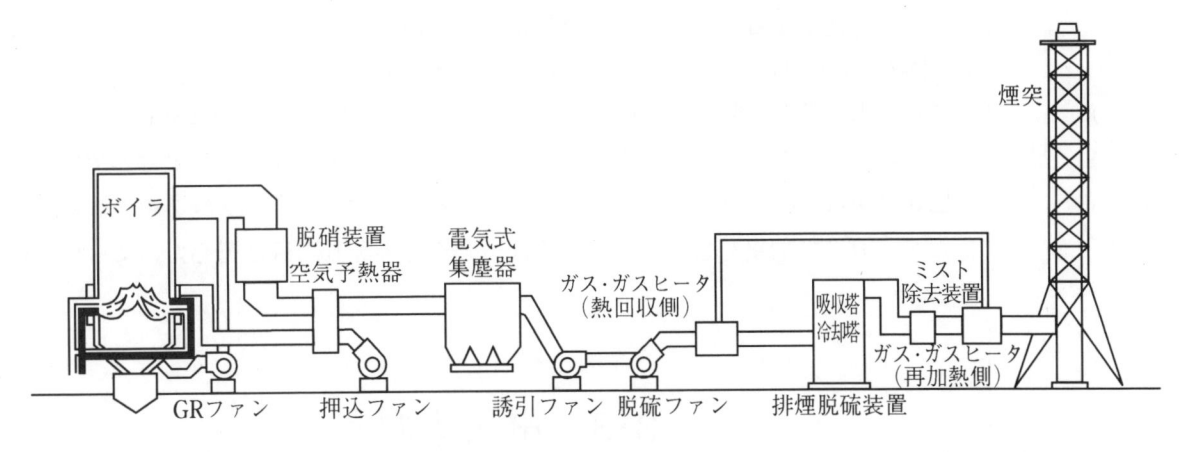

図3・1 煙道ガス系統図

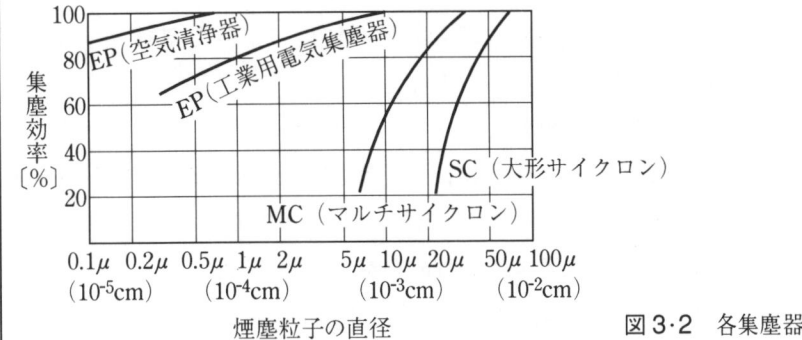

図3・2 各集塵器の性能特性曲線

3・2 サイクロン集塵器

　燃焼ガスに旋回運動を与えて灰粒子を遠心力により機械的に分離，捕集する装置である．

　灰粒子に対する分離効果は粒径の2乗に比例するので，粒子が小さくなると捕集効

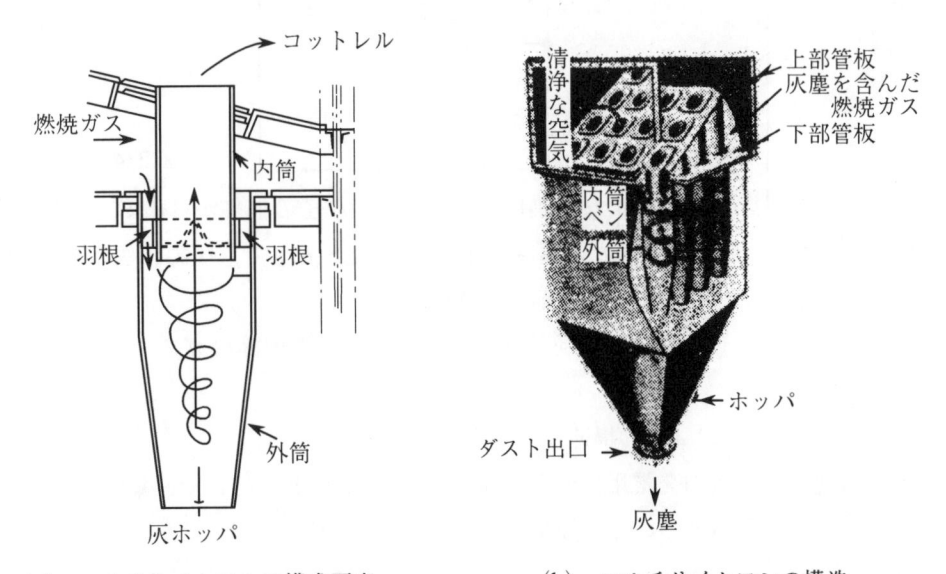

(a) マルチサイクロンの構成要素　　　　(b) マルチサイクロンの構造

図3・3

－7－

率が極端に低下する．したがって粒子が非常に微細になるともはやサイクロン方式（cyclone collector）では完全な集塵は不可能となる．

 煙道に大形のものを数個装置したものをシングルサイクロン（single cyclone），山形のものを数多く取付けたものをマルチサイクロン（multi cyclone）と呼んでいる．

 図3・3(b)はマルチサイクロンの構造で，(a)図はマルチサイクロン中のユニットを示す．ガスは羽根を通過するとき旋回運動を付与されて灰は遠心力によって分離する．

3・3　電気集塵器

 灰粒子に電荷を与え，電気的吸引作用により分離捕集する装置（EP：electric precipitator）である．

(1) 原理および特徴

 EPは図3・4に示すように，コロナ放電を利用してガス中のダストに電荷を与え，これを電界の作用（クーロン力）によりガス中から電気的に分離捕集するものである．またEPは，次のような特徴を有している．

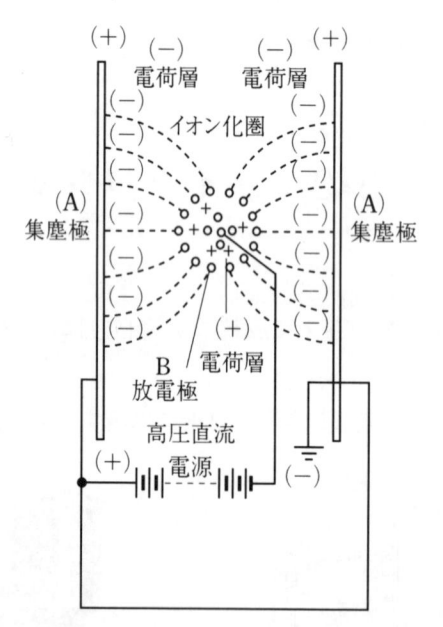

図3・4　EP原理説明図

(1) 静電的な凝集作用によって微粒子の捕集が可能で，高効率が得られる．
(2) EP内ガス速度は通常0.5～1.5 m/sで，圧力損失が10～20 mmAqと少なく，運転経費が節約できる．
(3) ダストの粒子径，ガスの温度・湿度等のガス・ダスト性状が広範囲で使用できる．

(2) EPの構造

 火力発電用に使用されているEPは殆どが乾式で，集塵極としては平行平板形が使用されている．図3・5はこの構造例を示す．

3·3 電気集塵器

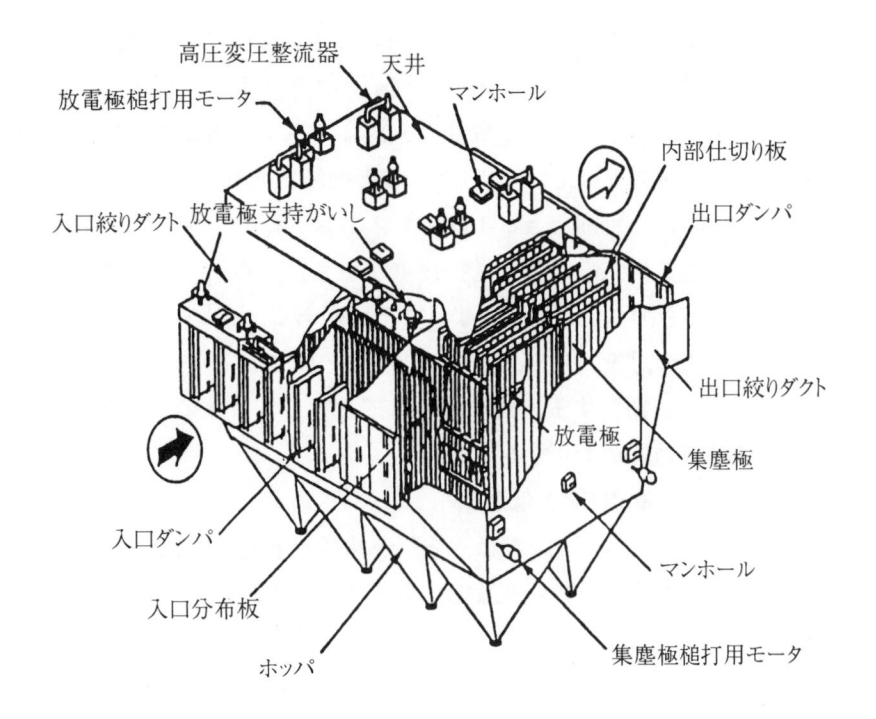

図3·5 EP全体構造図(例)

乾式EP

なお乾式EPを構成する各部は次のとおりである．
(1) コロナ放電を行う放電極
(2) このコロナ放電によって帯電したダストを捕集する集塵極
(3) 電極表面に捕集付着したダストを剥離させるため振動を与える槌打装置
(4) 集塵室内のガス流速を均一に分布させるための分布板
(5) 放電極を接地極から電気的に絶縁するためのがいし
(6) 放電極と集塵極間に高電圧を印加するための荷電装置
(7) 最も効果的な電気集塵ができるようにコロナ電流を調整する自動制御装置を内蔵した制御盤

図3·6は(6)および(7)に相当する電源装置の例を示す．

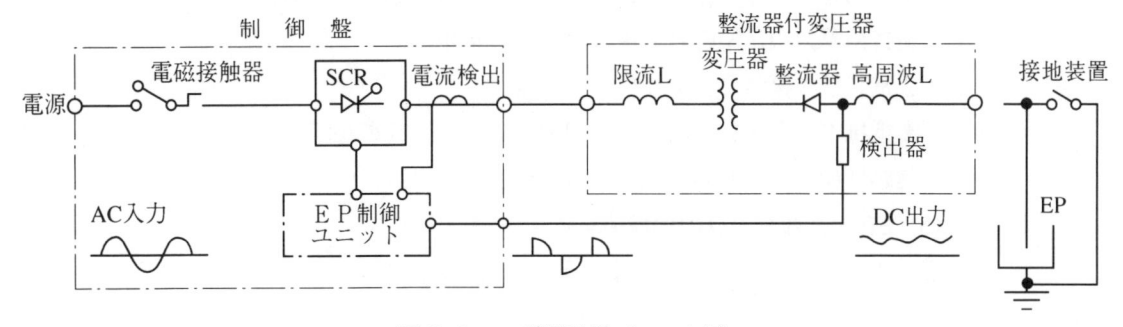

図3·6 EP電源装置ブロック図

(3) EPの分類

次のように分類される．

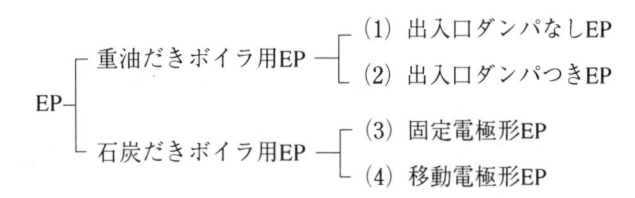

```
        ┌ 重油だきボイラ用EP ┬ (1) 出入口ダンパなしEP
EP ─┤                         └ (2) 出入口ダンパつきEP
        └ 石炭だきボイラ用EP ┬ (3) 固定電極形EP
                                   └ (4) 移動電極形EP
```

—9—

3 集塵装置

重油だきボイラのEPは，石炭だきに比べて若干特徴がある．

フライングダスト

重油ボイラ排ガス中のフライングダストは，ガス中に含まれるオイルアッシュと未燃カーボンおよび微量のSO_3ミストより構成されており，その粒径分布は石炭ボイラダストに比較して1ケタほど微細である．

重油だきボイラ排ガスダスト

また，重油だきボイラ排ガスダストはカーボン分が主成分で，石炭ダストとは逆に電気抵抗率が低く見掛比重が小さいため，ダストの再飛散現象を起して有効に集塵されずに逸出してしまうおそれがある．

この対策として，EP前の排ガス中にNH_3ガスを注入し生成硫安ダストと混在するように調質する方式が取られており，こうすることによって電気抵抗率が上昇し，集塵効果がよくなる．

(4) 高温EPと低温EP

石炭だきボイラでは，空気予熱器の上流側にEPを置くものと，下流側に置くものとがある．前者を高温EP，後者を低温EPと称している．

高温EP

(1) 高温EP

ボイラの節炭器（Eco）出口の高温度領域では電気抵抗率が低下しており，この特性を活用しEPを適用しようとするものである．

したがって高温EPは，従来の低温EPで捕集できなかったフライアッシュも捕集できるという特長を有している．ただ，ダスト中のNa_2Oが少ない一部炭種については，高温域でもEP適用可能な電気抵抗率に低下しないため，適用炭種の検討が必要である．

また，高温EPは320～360℃と高い温度領域にあるため，低温EPに比較して構造上，高温に耐えるような材質の選定や熱歪み，熱伸縮の処理などを十分考慮する必要がある．

低温EP

(2) 低温EP

ボイラ空気予熱器（A/H）出口の低温度域に設置される低温EPは長い運転実績を有しており，信頼性も十分であるといえる．しかし，高抵抗ダストによる集塵性能の低下が問題であり，設備的に次のような対策が必要である．

・槌打衝撃力の伝搬の良い集塵極構造の採用
・放電特性の優れた放電極構造の採用
・高抵抗ダスト障害を防止する間欠荷電制御方式の採用
・集塵性能向上のためのEP容量の増大化

(5) EPの外観および内部構造

図3・7はEPの内部構造を，また図3・8は外観図を示す．

3·3 電気集塵器

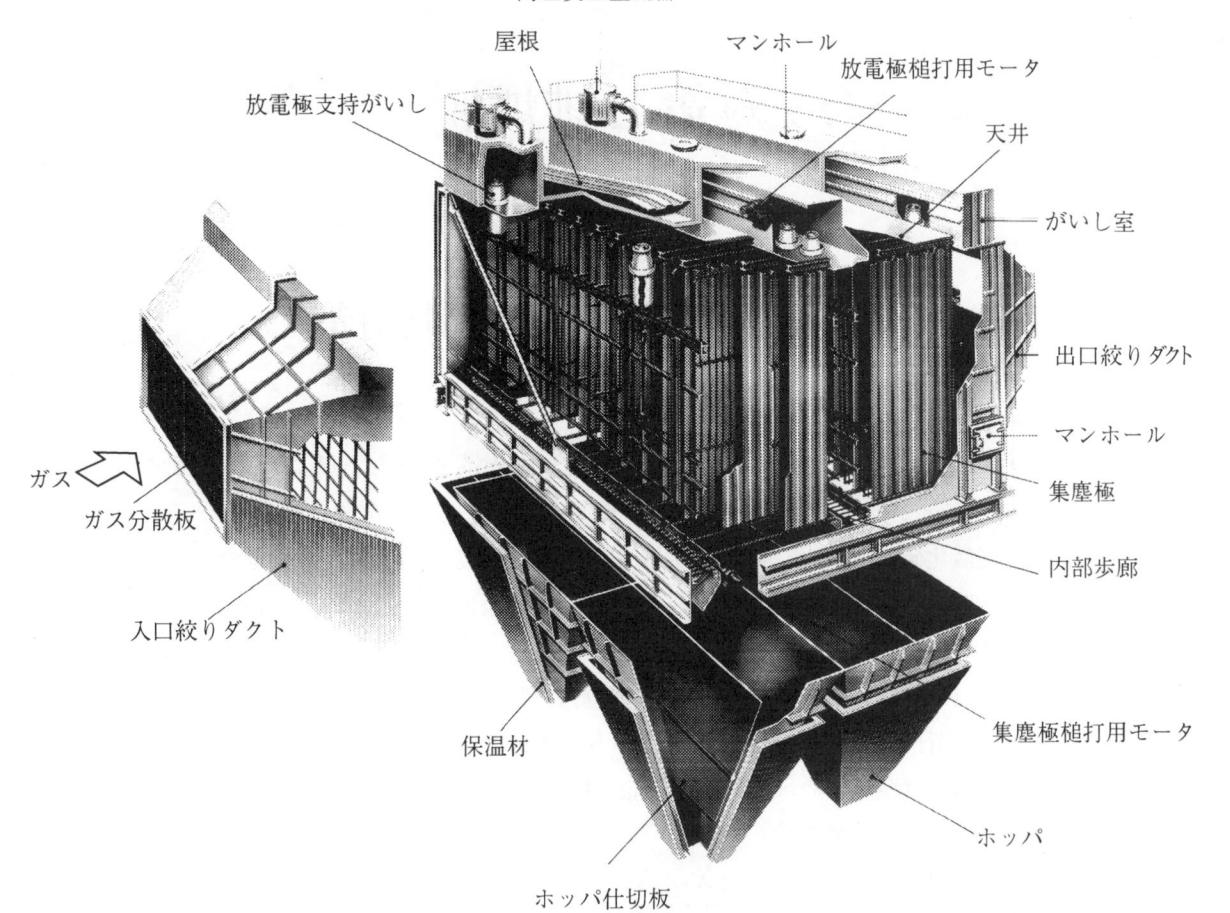

図 3·7 EP内部構造図

図 3·8 EP外観図

4 SOx対策と排煙脱硫装置

4・1 硫黄酸化物対策

硫黄酸化物 　硫黄酸化物（SOx）とは石油・石炭などを燃焼した時，含有されている硫黄（Sulfer）が酸化されて発生するものである．主として二酸化硫黄（SO_2：亜硫酸ガス），三酸化硫黄（SO_3：無水硫酸）があり，いずれも刺激性の強い気体である．

これらは大気汚染物質として早くから問題になっていて，次のような対策を講じて硫黄酸化物の減少に努めている．

(1) 燃料の低硫黄化と排煙脱硫装置の設置

硫黄酸化物排出量の低減をはかるため硫黄分の低い燃料を使用するとともに排煙中の硫黄酸化物のほとんどを取除く排煙脱硫装置を設置する．

集合高煙突　(2) 集合高煙突化

煙突を高くし，さらに，いくつかの煙突を集合して1本の煙突にまとめて排煙する．これは次のような効果がある．

(a) 集合高煙突化により排煙の上昇高さが高くなり，硫黄酸化物などの拡散がよくなって，地上濃度が激減する．

(b) 低煙突からの排煙や自動車の排ガスは逆転層以下に停滞し地上濃度が高くなることがあるが，集合高煙突からの排煙は逆転層を突破し上空で拡散するので，地上での高濃度汚染の原因とならない．

4・2 排煙脱硫装置

わが国の重油や原油の消費は今後ますます増加するため大気汚染防止の点から考えると，低硫黄原油の使用が望ましいわけであるが，この入手は困難である．このため大気清浄化を達成するためには高度の脱硫技術が要望されるわけであるが，脱硫技術　脱硫技術としては

(1) 重油からの脱硫
(2) 燃焼排ガスからの脱硫
(3) 重油を燃焼ガスに転化してそのガスからの脱硫

などの方法があるが，火力発電所では(2)が一般的に採用されている．

4·2 排煙脱硫装置

表 4·1 排煙脱硫プロセスの分類

	吸収剤	プロセス	副生品
湿式法	$CaCO_3(Ca(OH)_2)$	石灰（石）―石こう法	石こう
	NaOH	亜硫曹回収法	Na_2SO_3
		亜硫曹―ぼう硝法	Na_2SO_4，放流
		亜硫曹―石こう法	石こう
		亜硫曹―硫酸法	硫酸
	NH_4OH	アンモニア―硫安法	硫安
		アンモニア―石こう法	石こう
	CH_3COONa	酢酸ソーダ・石灰―石こう法	石こう
	$Mg(OH)_2$	水マグ法	$MgSO_4$（放流）
		マグネシウム―石こう法	石こう
	dil. H_2SO_4	希硫酸―石こう法	石こう
	$CaCl_2$	塩化カルシウム―石こう法	石こう
	$Al_2(SO_4)_3 \cdot Al_2O_3$	硫酸アルミニウム―石こう法	石こう
乾式法	活性炭	水洗再生／硫酸回収法	硫酸
		加熱再生／硫黄回収法	硫黄
	石炭灰―$Ca(OH)_2$	石炭灰・石灰法	使用済脱硫剤（廃棄）
	$Ca(OH)_2$	スプレドライヤ法	灰混合物（廃棄）
	$CaCO_3$	火炉吹込み法	灰混合物（廃棄）

排煙脱硫

排煙脱硫方式については**表4·1**に示すように，湿式法と乾式法に大別できる．

湿式法は乾式法と比べ次のような特徴を持っているため，現在実用化されているものはほとんどが湿式法である．

(1) 吸収剤が比較的安価である．
(2) 高い脱硫率が得られる．
(3) 系統が比較的簡単である．

なかでも，比較的安価で入手が容易な石灰石を吸収剤とし，セメントおよびボード用に利用可能な石こうを副生品として回収する湿式石灰石―石こう法排煙脱硫装置

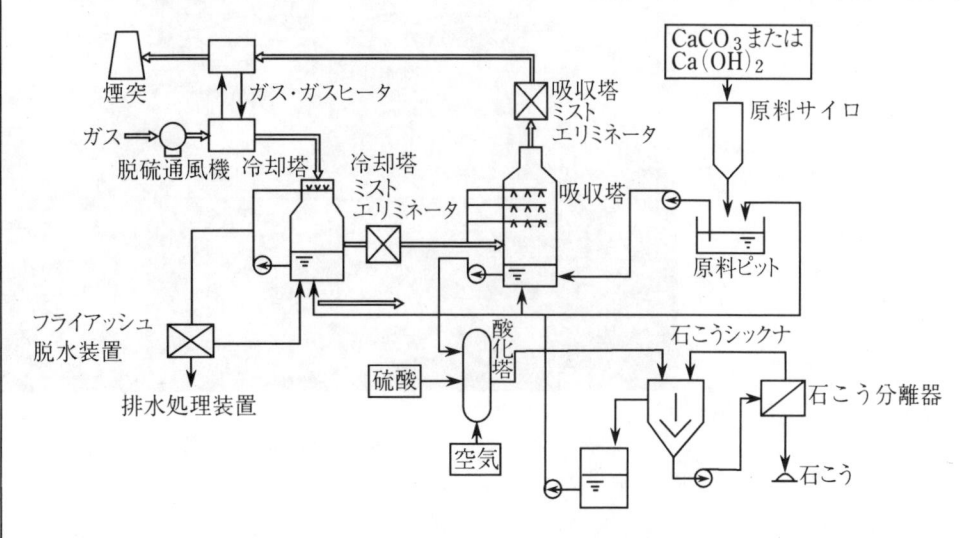

図 4·1 脱硫装置（石灰石―石こう法）フローシート

が，火力発電所で最も多く用いられている．

　以下も主として湿式石灰石―石こう法排煙脱硫装置について説明を進めることにする．

　図4・1は湿式，石灰石―石こう法のフローシートを示す．

4・3　排煙脱硫技術の現状

石灰石―
　　石こう法

（1）石灰石―石こう法

　石灰石―石こう法が主流を占めるようになった理由は吸収剤としての石灰石が入手しやすくかつ経済的であることと，副生品がセメント用や石こうボード用に使えることなどがあげられる．

　この方法では排ガス中のSO_2を吸収塔内で石灰石を含む吸収液スラリと気液接触させ亜硫酸カルシウムとしてこれを石こうとする．このシステムでは脱硫率は90～98％，除塵率は90％以上の性能となっている．

　脱硫装置は，最近では設備が大容量化したことと，装置が簡素化されたため低コスト化が進んでいる．

乾式脱硫装置

（2）乾式脱硫装置

　本装置は湿式に比べて水の消費量が少なく排水処理が不要であり，かつ排ガス再加熱装置が不要で脱硝も可能であるなどの長所がある．この方法では吸着塔内の活性炭によってSO_2を吸着し，再生塔において加熱ガスによる脱離を行うわけである．欠点は負荷追従性と経済性で湿式に劣る点である．

　図4・2に上記(1)方式の大容量排煙脱硫装置の例を示す．

図4・2　排煙脱硫装置

5　NOx対策と排煙脱硝装置

5・1　NOxの生成機構

排ガス　　　火力発電所から排出される排ガスの性状は、燃料の種類によって異なる．
　（1）　ガス燃料の場合は、天然ガス（LNG）のように燃料中に窒素分（N），硫黄分（S）を殆ど含まないうえ、灰分を全く含まない比較的クリーンな燃料が多い．
　（2）　重原油の場合は、N分（0.1～0.3％），S分（0.1～3％程度）を多く含んでいる．また、少量（0.1％程度）ではあるが、灰分を含んでいる．
　（3）　石炭だきボイラから排出される排ガスには、石炭中に多量のN分（1～2％），S分（0.5～2％）ばかりでなく、10～30％と多量の灰分も含んでいる．
　このように燃料中にはN分があるために、ボイラで高温燃焼を行うと、N分の一部は燃焼用空気中の酸素と反応して窒素酸化物（NOx）が生成される．また燃焼用の空気中に含まれている窒素と酸素の一部が反応してここでも窒素酸化物を生成する．

窒素酸化物　　窒素酸化物には主として一酸化窒素（NO）と二酸化窒素（NO_2）があり、そのうち90％以上をNOが占めているが、これを総称して窒素酸化物という．NOは大気中を拡散していく過程で、O_3による酸化あるいは炭化水素と太陽光線中の紫外線の存

オキシダント　在のため複雑な光化学反応を起こし、NO_2になるとともに、O_3を主体とするオキシダントと呼ばれる過酸化物質が生成され光化学汚染を起す．
　窒素酸化物の発生は、燃焼温度が高いほど、また、過剰空気が多いほど多くなる．
　このボイラ中での燃焼反応において発生するNOxは二つの生成過程がある．その一つは空気中の窒素分子が高温において酸素と結合して生成するThermal NO（熱的

熱的NO　　NO）と、燃料中に含まれる窒素化合物が燃焼時に酸化されて生成するFuel NO（燃
燃料NO　　料NO）と呼ばれるものである．いずれにしてもNOxは人間の健康および生活環境への影響がある．したがってこの軽減・防止は重要な問題である．

5・2　NOxの発生・排出防止対策

　ボイラ火炉内で発生するNOx量を減少させるには、二段燃焼や排ガスの再循環などにより燃焼の速度あるいは強さを低減させ、単位体積，単位時間あたりの発生熱量を減じ、さらに水冷壁による冷却効果により火炎温度を低く保ち、燃焼に伴うNOx

5 NO$_X$対策と排煙脱硝装置

生成反応を抑制するのが効果的である．しかしこれは経済的にはかなりの負担であり，かつボイラとしても効率の悪い燃焼方法であるが，人間尊重の面からどうしても解決していかなければならない問題である．

窒素酸化物の発生防止対策は，燃焼改善によるものが主となるが，次のようなものがある．

(1) N分の少ない燃料を使用する．

(2) 過剰空気率を低減する．

(3) 2段燃焼法の採用（1段目では燃焼用空気の85～90％程度を供給し，空気不足の状態で燃焼温度を下げた状態で燃焼させ，2段目で不足分の空気を供給して完全燃焼させる方式）．

(4) 排ガス再循環法の採用（排ガスの一部を二次空気に混合して供給したり，直接バーナ付近に供給して燃焼用空気のO$_2$濃度低減をはかり，燃焼温度を下げ，窒素酸化物の生成を抑制する方式）．

(5) 低NO$_X$バーナの採用（火炎を多数の小火炎または薄板状に分割して火炎表面温度を下げる火炎分割形バーナ，バーナノズル付近温度を均一にしてNO$_X$の抑制をはかる火炎循環バーナなど）．

(6) コーナファイアリング方式の採用（火炉内で燃料と空気が旋回しながら燃焼するためよく混合し，燃焼がゆるやかで温度を低く保持できる）．

などが行われている．

排出防止対策は，

排煙脱硝装置 (1) 排煙脱硝装置を設置し，排ガス中のNO$_X$を除去する．

方法が行われている．なお排煙脱硝装置はアンモニア接触還元法によるものが現在主流となっている．

以下に上記の代表的な方法について説明する．

2段燃焼方式 **(1) 2段燃焼方式**

(a) 2段燃焼方式　　　(b) 排ガス混合燃焼方式

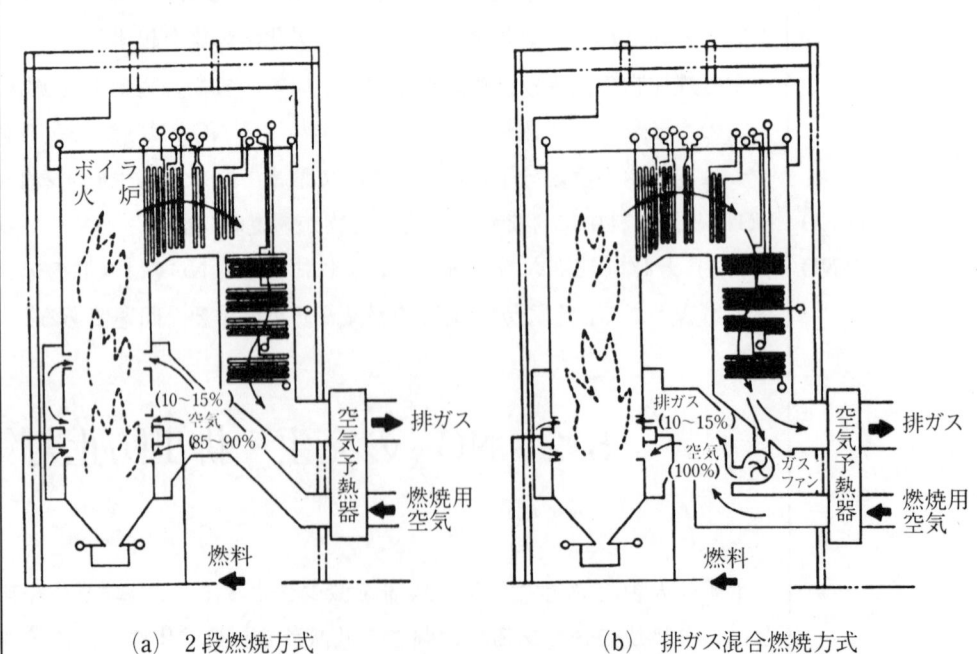

図5・1

―16―

図5・1(a)のように燃焼に要する空気を2回に分けて使用し，一度に高温の炎にならないようゆるやかに燃焼させるものである．

排ガス混合燃焼方式

(2) 排ガス混合燃焼方式

図5・1(b)のように，ボイラから温度の低い燃焼ガスの一部をふたたび燃焼用の空気に混ぜてボイラに送込んで燃焼温度の低減をはかるものである．

低NO_Xバーナ

(3) バーナの改善（低NO_Xバーナ）

バーナ構造によるNO_X抑制には，大別して次の三つの方法がある．

(1) 燃料と空気の拡散混合を緩慢にする．
(2) 燃焼の不均一化を促進する．
(3) 火炎の熱放射を促進する．

(1)は，火炎の熱発生率を下げることにより，火炎温度を低下させる温度抑制効果を狙うものである．

5・3 排煙脱硝装置

排脱には種々の方式があるが，大別すると**表5・1**に示すように，乾式法と湿式方とに分けられる．

表5・1 各種脱硝方式

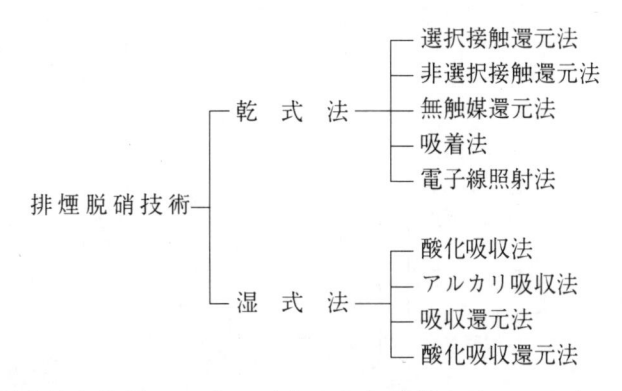

```
                    ┌─ 乾 式 法 ─┬─ 選択接触還元法
                    │           ├─ 非選択接触還元法
                    │           ├─ 無触媒還元法
排煙脱硝技術 ───────┤           ├─ 吸着法
                    │           └─ 電子線照射法
                    │
                    └─ 湿 式 法 ─┬─ 酸化吸収法
                                ├─ アルカリ吸収法
                                ├─ 吸収還元法
                                └─ 酸化吸収還元法
```

排煙脱硝技術

乾式法は湿式法と比較し，次に示すような特徴を持っており，排煙脱硝法の本命として開発が進められた．

(1) 系統が簡単で運転が容易．
(2) 排水処理等の後処理工程が不要．
(3) 設備費，運転費が比較的安い．

選択接触還元法

乾式法の中でも，アンモニア（NH_3）を還元剤とする選択接触還元法（Selective Catalytic Reduction：SCRと略）は，触媒の作用により，NO_Xを無害な窒素と水に分解する方法であり，副生品の処理が全く不要であることから，ボイラ用排煙脱硝装置の主流として広く採用されている．以下，この方式を主にして説明する．

(1) 原理とプロセス

本プロセスは排ガス中のNO_Xと還元剤として添加したNH_3とを触媒上で反応させ，無害な窒素（N_2）と水蒸気（H_2O）とに分解する方式である．この反応は次式

5 NOx対策と排煙脱硝装置

で示される．

$$4NO + 4NH_3 + O_2 \rightarrow 4N_2 + 6H_2O \tag{5・1}$$
$$6NO_2 + 8NH_3 \rightarrow 7N_2 + 12H_2O \tag{5・2}$$

しかし，排ガス中のNOxのほとんどは一酸化窒素（NO）であることから，脱硝反応は式(5・1)で進むといってよい．

装置は，触媒を収納する反応器，排ガス中にNH₃を注入するアンモニア注入装置およびアンモニア貯蔵・気化装置から構成される．

現在最も多く用いられている触媒は，最適使用温度範囲が300～400℃であるため，ボイラプラントの場合，反応器は節炭器（Eco）と空気予熱器（A/H）との間に組込まれるが，ボイラ使用燃料の種類によって排煙処理システムは図5・2に示すように，集塵装置と脱硫装置との組合せで構成が変る．

石炭燃料の場合は，ボイラからの高ダスト排ガスを直接処理する高ダスト脱硝方式と，反応器の前に高温集塵器を設置する低ダスト脱硝方式の2方式がある．これらの使い分けは，使用石炭の性状によって決る集塵器の性能によるところが大である．

脱硝装置反応器　　図5・3は脱硝装置反応器の概念図を，また図5・4はそのシステムと全体配置図，図5・5は外観図を示す．

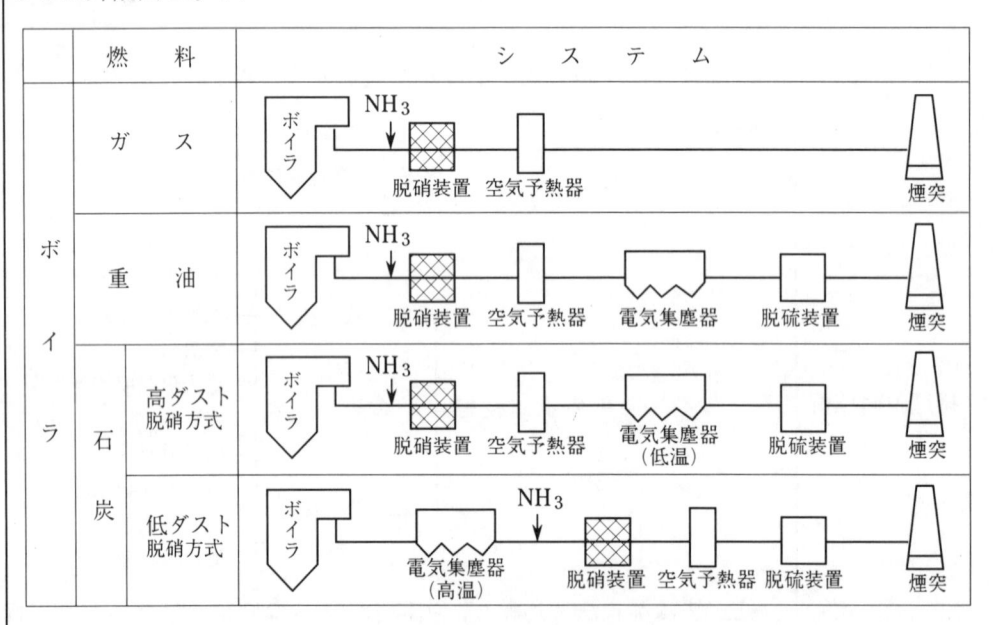

燃料		システム
ボイラ	ガス	ボイラ → 脱硝装置 → 空気予熱器 → 煙突
	重油	ボイラ → 脱硝装置 → 空気予熱器 → 電気集塵器 → 脱硫装置 → 煙突
	石炭 高ダスト脱硝方式	ボイラ → 脱硝装置 → 空気予熱器 → 電気集塵器（低温）→ 脱硫装置 → 煙突
	石炭 低ダスト脱硝方式	ボイラ → 電気集塵器（高温）→ 脱硝装置 → 空気予熱器 → 脱硫装置 → 煙突

図5・2　排煙処理システム

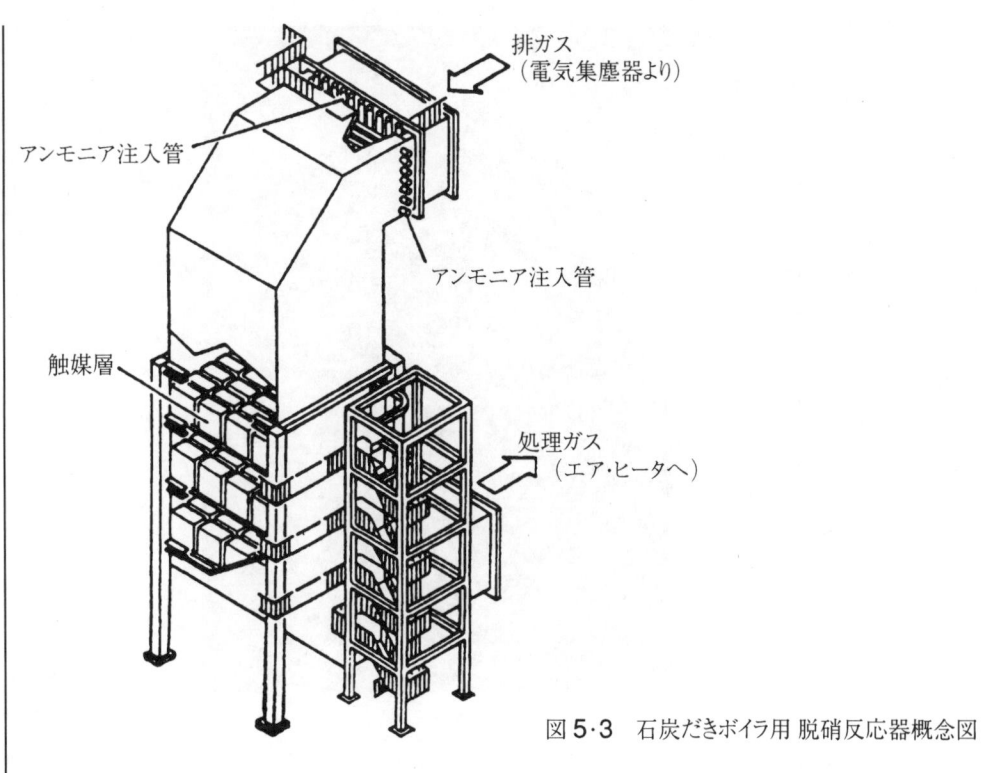

5・3 排煙脱硝装置

図 5・3 石炭だきボイラ用 脱硝反応器概念図

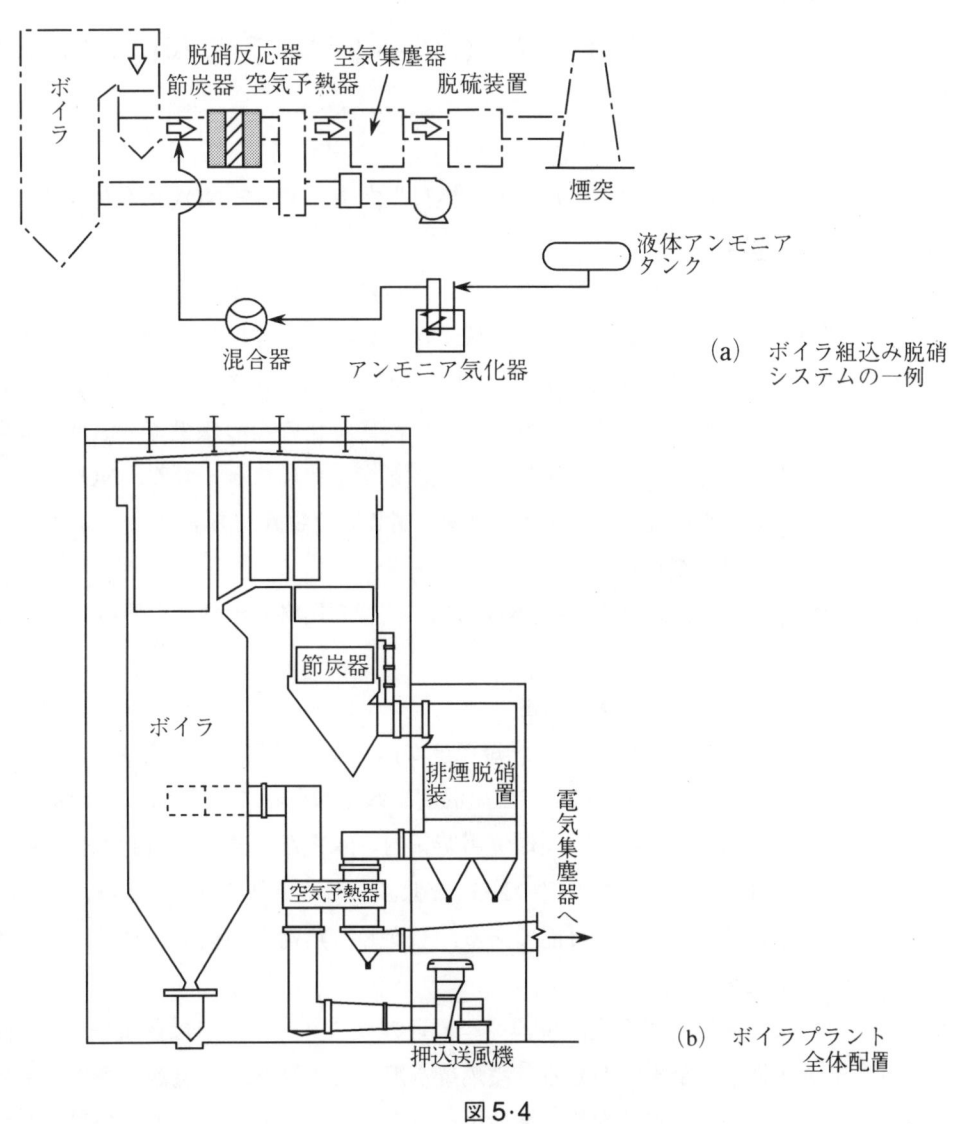

(a) ボイラ組込み脱硝システムの一例

(b) ボイラプラント全体配置

図 5・4

図5·5　脱硝装置

5·4　ガスタービンでのNO$_X$低減対策

　ガスタービンにおいても燃料の燃焼によってNO$_X$が発生するため，これの対策が必要である．

ガスタービン燃焼器　　ガスタービン燃焼器では，燃料に含まれる窒素分や燃焼用空気中の窒素が，空気中の酸素と反応して窒素酸化物となる．既述したように前者がフユエルNO$_X$，後者はサーマルNO$_X$である．ガスタービンは蒸気タービンと組合わせたコンバインドサイクルとして使用され，一層の高効率化のため燃焼ガス温度の高温化がはかられている．このため，NO$_X$の低減対策が重要になっている．NO$_X$を低減するには，燃料対策や燃焼方法の改善，排煙脱硝装置の設置がある．

　(1) 燃料対策

フユエルNO$_X$　　低窒素燃料であるLNGやLPG，軽質燃料のナフサを使用しフユエルNO$_X$を低減する．

　(2) 燃焼方法の改善

サーマルNO$_X$　　サーマルNO$_X$は，燃焼温度が高くなるほど多く生成される．これを低減するためには燃焼を緩慢にし，燃焼温度を低く抑えることで可能となる．

　(a) 水噴射法　　燃焼用空気内へ水または蒸気を噴射して局所的な高温燃焼域を抑え，タービン出口のNO$_X$を低減させる方法であり，NO$_X$濃度を1/2～1/3程度に低減することが可能である．しかし，熱効率の低下や高純度噴射水の確保などの問題がある．

　(b) 予混合式燃焼器　　最近のガスタービンでは燃焼空気を2段階に分けて，緩慢な燃焼を行わせる二段燃焼を用いた予混合式燃焼器を採用している．この燃焼器は，二段目で燃料と燃焼用空気を燃焼前にあらかじめ十分混合してから着火させる

ことで，燃焼温度の均一化と低温下をはかっている．

(3) 排煙脱硝装置の設置

タービンを出た排ガス中のNO_Xを，触媒を用いてN_2とH_2Oに還元する装置を設置する．

6 排水処理設備

6・1 火力発電所の排水

火力発電所で使用する水を用途別に大別すると
- ボイラ用水
- 冷却用水
- 機器洗浄用水
- 生活用水（飲料水，衛生用水，厨房用水等）

に分類される．

排水 これらの水は各々の目的によって使用された後，やがて排出されるのであるが，この排水は，一部を除いて水質汚濁物質を含んだ汚濁水として排出されるので，各種汚濁物質に応じて適切な排水処理を行い，定められた排出規制値または協定値等を常に満足させる必要がある．

このため，最新の技術を使用して排水処理を行い，排水の水質をできるだけよくして環境保全にあたらなければならない．

定常排水 発電所の排水には，表6・1に示すように日常運転に伴って毎日排出される定常排

表6・1 火力発電所排水処理対象項目例

	排水名	処理対象項目	油火力	石炭火力	LNG火力
定常排水	(1) 前処理装置排水	SS	○	○	○
	(2) 純水装置再生排水	pH, SS, COD	○	○	○
	(3) 復水脱塩装置排水	pH, SS, (N)	○	○	○
	(4) 分析室排水	pH, SS	○	○	○
	(5) 機器フロアドレン	SS, 油分	○	○	○
	(6) ボイラブロー水	pH, COD	○	○	○
	(7) 灰処理排水	pH, SS		○	
	(8) 生活排水	SS, COD, BOD, 油分, (N)	○	○	○
	(9) 排煙脱硫装置排水	pH, SS, F, 重金属, COD, (N)	○	○	
	(10) その他排水	SS, 油分	○	○	○
非定常排水	(1) 空気予熱器洗浄排水	pH, SS, 重金属	○	○	
	(2) 集塵器洗浄排水	pH, SS, 重金属	○	○	
	(3) 化学洗浄排水	pH, SS, 重金属, COD, (N)	○	○	
	(4) ガスガスヒータ洗浄排水	pH, SS, 重金属, F, COD, (N)	○	○	○
	(5) 復水器漏れ検査排水	(色度)	○	○	○
	(6) ボイラ始動時ブロー水	pH, COD	○	○	○
	(7) 貯炭場ヤード雨水	SS		○	
	(8) 油タンクヤード雨水	SS, 油分	○		

6・1 火力発電所の排水

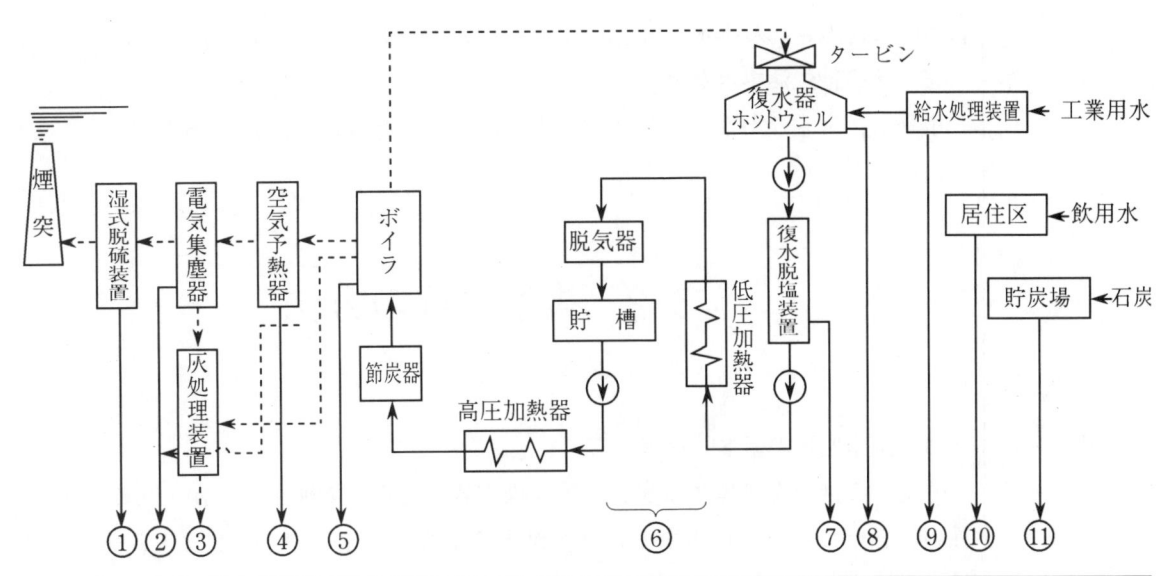

1. 脱硫装置排水（定常）	5. ボイラ化学洗浄排水（非定常）	8. 復水器漏れ検査排水（非定常）
2. 集塵器洗浄排水（非定常）	ボイラ系統ブロー水（非定常）	9. 給水処理装置排水（定常）
3. 灰処理装置排水（定常）	6. ユニットドレン排水（定常）	10. 生活排水（定常）
4. 空気予熱器洗浄排水（非定常）	7. 復水脱塩装置排水（定常）	11. 貯炭場排水（定常）

図6・1 石炭火力発電所の排水の種類

非定常排水　水と定検時等に間欠的に排出される非定常排水がある．図6・1に発電所の系統と排水の排出源と排出名を示す．その内の主な排水の特性について以下に説明する．

脱硫排水　**（1）脱硫排水**

一般的にはCOD（化学的酸素要求量）が高く，石炭だきでは，鉄・マグネシウム・アルミニウムの金属イオンやふっ素が石油だきに比べ高い．

空気予熱器水洗排水　**（2）空気予熱器水洗排水**

空気予熱器の水洗時に排出される排水で，その頻度は，燃料の種類，質および運転管理状態によって異なるが，一般的に燃料中の硫黄分が少ない場合は少なく，また石炭専焼および混焼の場合は少なく，原重油専焼の場合は多い．

原重油専焼の場合の排水は重油灰を含み，酸性で鉄含有量も多い．排水の水質は，水洗時間の経過とともに大きく変動し，1回の排水量は，約1 000～3 000 m³と多くまた短時間に排出される．

集塵器水洗排水　**（3）集塵器水洗排水**

集塵器の水洗時に排出される排水で，その頻度は，燃料の種類，質および運転管理状態によって異なる．排水の水質，量などは空気予熱器水洗排水とほとんど同じであるが，煙道へアンモニア注入を行っている場合，硫酸アンモニウムを含んでいる．

化学洗浄排水　**（4）化学洗浄排水**

排水量は，通常ボイラ保有容量の10倍程度であり，数10時間に排出される．化学洗浄は，酸洗浄，中和防錆，水洗浄などの組合せ行程からなり，各行程から排出される排水の量・質とも大きく異なる．排水の水質は，一般に，酸性あるいはアルカリ性で鉄分などを含んでいる．

（5）補給水，復水処理装置などの水処理排水

補給水の除濁装置である凝集沈殿装置とろ過装置から排出される排水で，この排水はSS（浮遊物質）を含む．また，純水製造装置，復水脱塩装置のイオン交換樹脂

再生時に排出される排水で酸性およびアルカリ性のものがある．

生活排水 | (6) その他生活排水など

事務所，食堂などから排出される生活排水で，有機物，油分，SSなどを含んでいる．

6・2 排水処理の方法

排水処理 | (1) 排水処理の基本的な考え方

発電所の排水を処理する場合，単位操作装置を単独で使用するか，あるいは，数種の組合せによって使用するかは，排水の水質と排出基準などにより決定される．排水の性状による各処理装置の組合せの例を以下に示す．

(a) 酸，アルカリ性排水

・単なる中和でよい場合

```
未処理排水 ──→ [中和装置] ──→ 処理排水
```

pHを排出基準におさめるために，中和を行う．

・中和によって析出するSS，または最初から含まれているSSを除去する場合

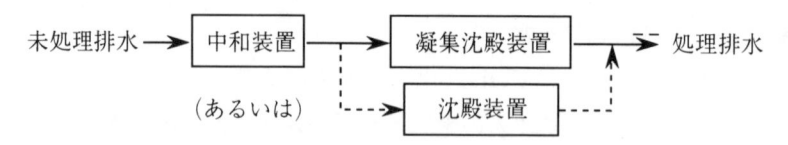

```
未処理排水 → [中和装置] → [凝集沈殿装置] → 処理排水
                    (あるいは) ┈→ [沈殿装置] ┈┘
```

排水中のSSのうち比較的粒径の大きいものは単純な沈殿装置で分離するが，小さいものを除去するには凝集沈殿装置が用いられる．

金属イオン | ・鉄などの金属イオンを含みこれを除去する場合

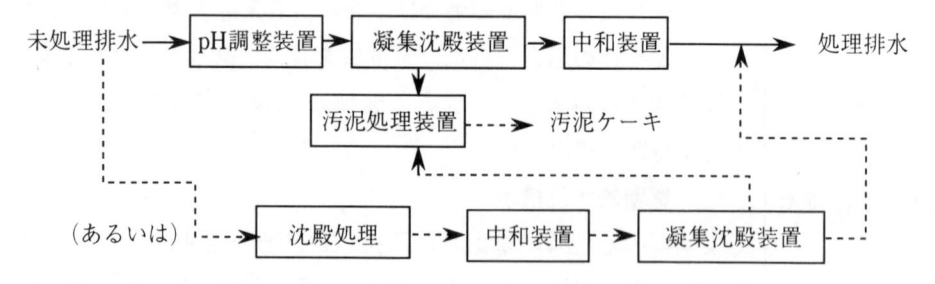

```
未処理排水 →[pH調整装置]→[凝集沈殿装置]→[中和装置]──→ 処理排水
                              ↓
                        [汚泥処理装置] ┈→ 汚泥ケーキ
                              ↑
       (あるいは)┈→[沈殿処理]→[中和装置]→[凝集沈殿装置]┈┘
```

(b) 油分を含む排水

```
未処理排水 ──→ [油分分離装置] ──→ 処理排水
```

排水中の油分は油の浮力を利用した重力式浮上分離が用いられる．

(2) 排水処理用ろ過装置および吸着処理

ろ過装置 | (a) ろ過装置

凝集沈殿で除去できなかった微量のSSを，さらに除去するためにろ過を行う．ろ過器には，圧力式と重力式，下向流式と上向流式，単層式と二層式などの形式があるが，発電所排水では，一般的に圧力式・下向流式・二層式のろ過器が多く用いら

6・2 排水処理の方法

れている．図6・2はろ過装置の例を示す．

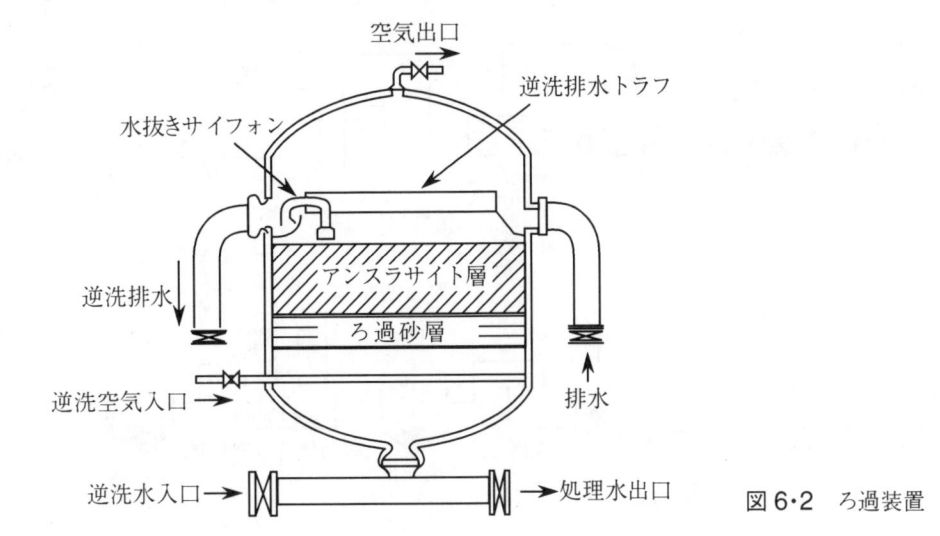

図6・2 ろ過装置

合成吸着剤処理

(b) 合成吸着剤処理

脱硫排水中のCODは，凝集沈殿や活性炭吸着で除去できないものが数10 mg/l存在する．

これは，脱硫装置で石こうを生成させる時に，副生するジオチン酸や，NO_xとSO_xの反応で生成するN—S化合物などであることがわかっている．これら難処理性CODを処理するために合成吸着剤による吸着—再生システムが採用されている．再生によって生じる濃縮COD排水は，酸加熱分解により処理する．

排水処理系統

(3) 排水処理系統

図6・3は火力発電所の排水処理系統の概念を示す．

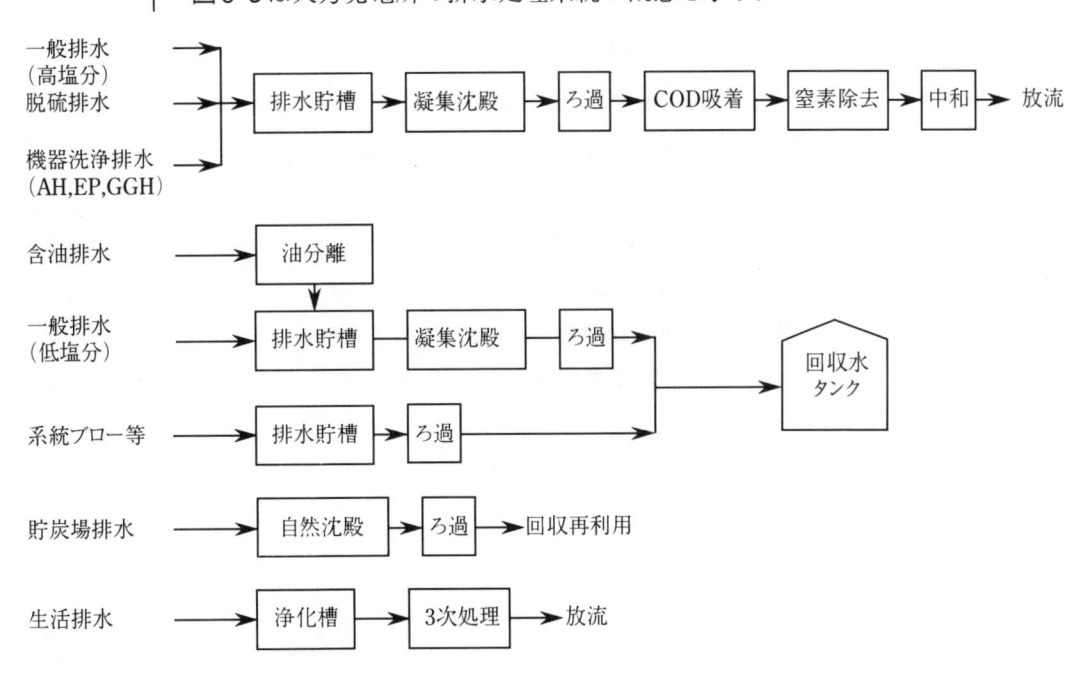

図6・3 排水処理系統概念図

また図6・4は火力発電所の総合排水処理システムのフロー図の例を示す．

なお最近の火力発電所においては，常に排水処理を行うだけでなく，資源保護からいってもその排水を再利用すべきで，その技術も進歩して，大勢としてその方向に進んでいる．

-25-

6 排水処理設備

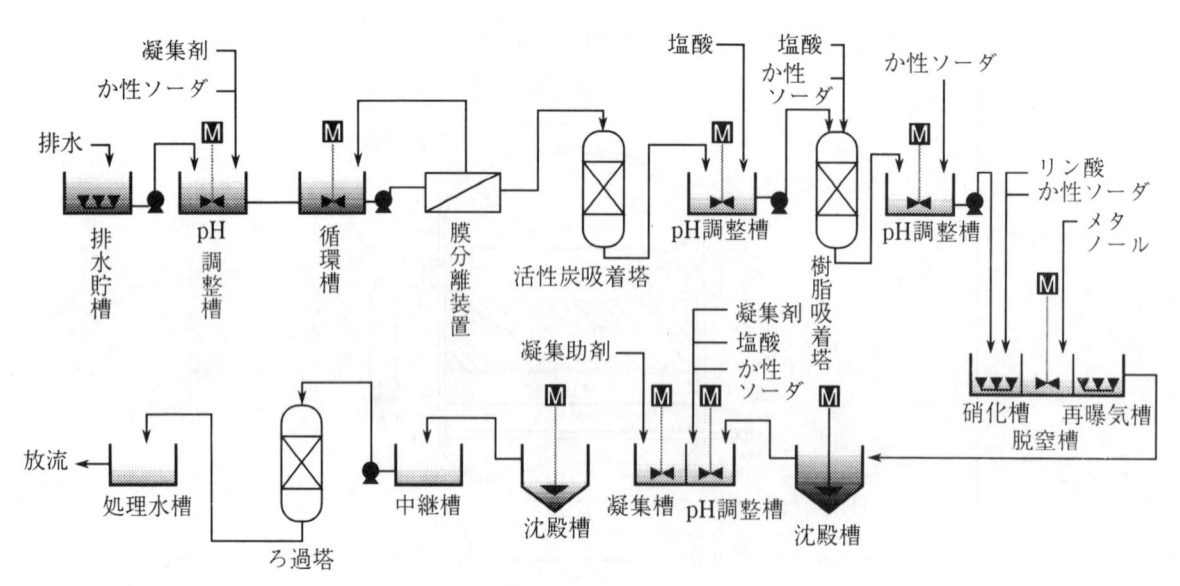

処理方法

SS 除去：膜分離・凝集沈殿・ろ過
窒素除去：生物硝化脱窒
COD除去：活性炭吸着
F 除 去：樹脂吸着

図6・4 火力発電所の総合排水処理システムフロー図（例）

（参考）pH ： potential of hydrogen
　　　　　　　水素イオン濃度（1 000 ml中に存在する水素イオンのグラムイオン数）

　　　　SS ： Suspended solids
　　　　　　　懸濁物質（量），浮遊物質（量）

　　　　DO ： dissolved oxygen
　　　　　　　溶存酸素

　　　　BOD ： biochemical oxygen demand
　　　　　　　生物化学的酸素要求量

　　　　COD ： chemical oxygen demand
　　　　　　　化学的酸素要求量

7 騒音対策

7・1 火力発電所の騒音源

　発電所の機器，設備のうち敷地外部に対する騒音の大きいものには，一般に次のようなものがある．
　　・主変圧器
　　・循環水ポンプ
　　・タービン本館
　　・通風機
　　・ボイラ本体（付属配管，弁類とも）
　　・ボイラ付属設備（燃料油ポンプ群，排脱装置など）
　火力発電所の騒音としては，このほかに安全弁やフラッシュパイプなどの蒸気噴出音がある．これらの放出蒸気音は，頻度が少なく一時的であるが，境界への騒音寄与は大きい．図7・1に火力発電所の主要音源の騒音レベルの例を示す．

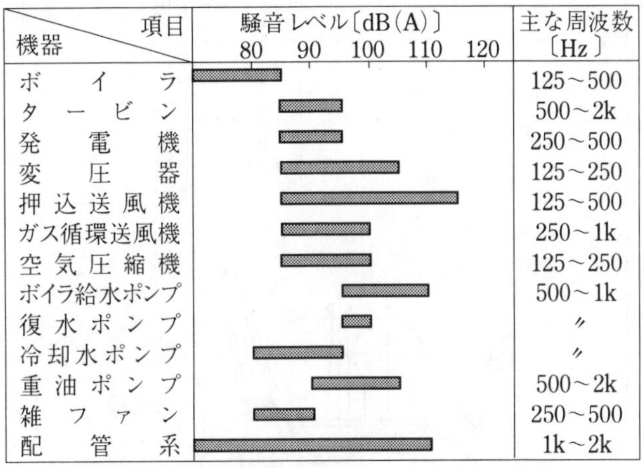

放出蒸気音
騒音レベル

機器＼項目	騒音レベル〔dB(A)〕 80 90 100 110 120	主な周波数〔Hz〕
ボ イ ラ		125～500
タ ー ビ ン		500～2k
発 電 機		250～500
変 圧 器		125～250
押込送風機		125～500
ガス循環送風機		250～1k
空気圧縮機		125～250
ボイラ給水ポンプ		500～1k
復 水 ポ ン プ		〃
冷却水ポンプ		〃
重 油 ポ ン プ		500～2k
雑 フ ァ ン		250～500
配 管 系		1k～2k

図7・1　火力発電所の主要音源の騒音レベル

7・2　各種騒音に対する対策

(1) 主変圧器
　変圧器は屋外に設置されているもののうちでも比較的大きい騒音源である．とくに大容量のユニットにおいては，この騒音はかなり大きく騒音防止は必須のものと

-27-

いえる．

(a) 騒音の原因
- けい素鋼板の磁歪現象にもとづく振動
- 鉄心の継ぎ目間および各成層間の磁気的吸引力にもとづく振動
- 巻線導体間または巻線成層相互間の電磁力にもとづく振動

二次的な原因としては
- 冷却ファンや送油ポンプなどの補機から発生する騒音タンク，放熱器の共振によるもの
- 金属部分の締付け不足，不完全接触によるチャタリングによるもの
- 建造物の共振，反射によるもの

(b) 騒音の低減方法

図7・2のような方式がある．

騒音低減方式	騒音低減量〔dB(A)〕	構造
防音壁	5～10	防音壁／変圧器本体
鉄板防音タンク方式	10～20	図7・3参照
コンクリートパネル防音タンク方式	20～30	コンクリートパネル防音タンク／コンクリート／鉄板枠／吸音材／変圧器本体
コンクリート防音建屋方式	30～40	コンクリート防音建屋／吸音材／変圧器本体

（左側注記：防音壁／防音タンク方式／コンクリート防音建屋）

図7・2 変圧器の騒音対策例

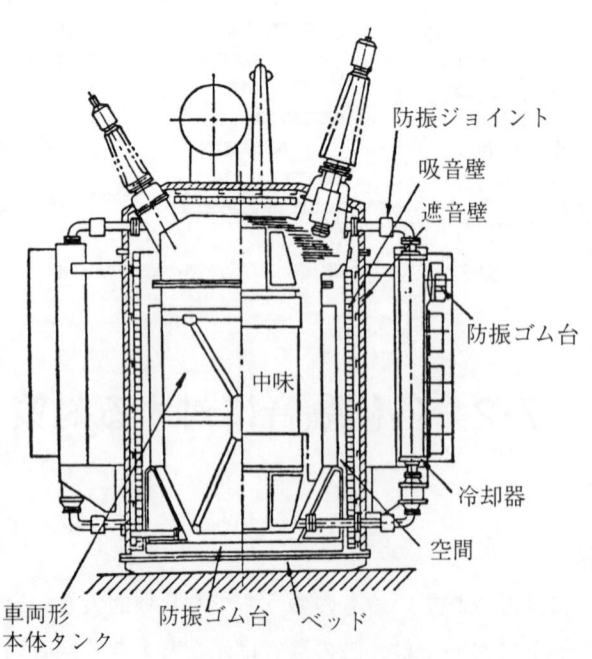

図7・3 防音壁タンク形変圧器

（図中ラベル：防振ジョイント，吸音壁，遮音壁，防振ゴム台，冷却器，空間，中味，車両形本体タンク，防振ゴム台，ベッド）

-28-

7・2 各種騒音に対する対策

また，さらに低騒音とするために水冷式の変圧器を採用する発電所もある．このような考え方は将来普遍化するものと考えられる．

循環水ポンプ

(2) 循環水ポンプ

発電所には多種多様のポンプが使用されているが，外部へ影響を及ぼすものは，境界近くに設置されている場合の循環水ポンプであるが，主因は電動機によるものである．対策を講じていない循環水ポンプの騒音は，機側で90～95 dB(A)程度であるが，最近では，電動機の低騒音化，エンクロージャの設置などにより60～70 dB(A)程度のものが多くなっている．

タービン
透過音

(3) タービン本館

タービン本館からの透過音の騒音レベルは60～70dB(A)程度であるが，音源寸法が大きいため，発電所の外部に対する影響もありうる．タービン本館には主タービン，発電機，給水ポンプのほかに空気圧縮機，ポンプ配管類などの多数の音源機器が設置されており，特に床面下の機械室は，発電所内での代表的な騒音源であり，作業環境改善も含めて騒音対策をとっている．

対策としては建屋壁内側に吸音材を設ける方法が一般的である．

通風機

(4) 通風機

通風機は発電所の代表的騒音源の一つである．通風機の騒音は，空気力学的原因による空気音が主で，これにケーシング，ダクトからの透過音，振動音，さらに駆動用電動機の騒音が加わる．通風機の騒音対策としては，機器端の騒音目標値に応じて風道防音ラギング，サイレンサ，あるいは防音室などの方法を採用している．

図7・4は主要通風機の騒音対策例を示す．

名　称	騒音対策内容	
	ファン	モータ
押込通風機	①防音ラギング 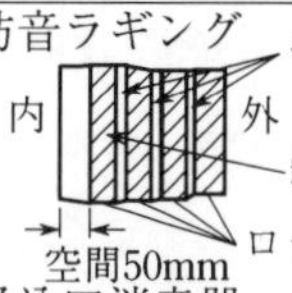 — モルタル(25t), 鉄板(0.4t), ロックウール(50t), 空間50mm ②吸込口消音器 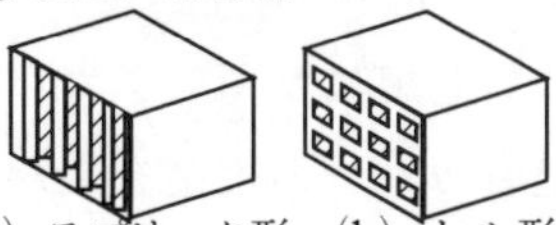 (a) スプリッタ形 (b) セル形	全閉外扇形 (ただしサイレンサ強化)
誘引通風機	①防音ラギング 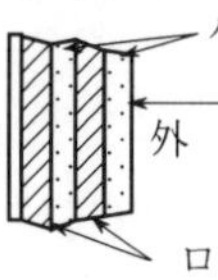 — ハードセメント(20t), 鉄板(0.4t), ロックウール(25t)	全閉内冷形
脱硫通風機	①防音ラギング 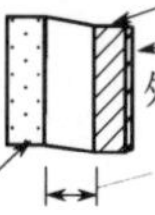 — ロックウール(75t), 鉄板(0.6t), 空間90mm, ハードセメント(40t)	全閉内冷形

図7・4 主要通風機の騒音対策例

7 騒音対策

ボイラ

(5) ボイラ本体（付属配管を含む）

ボイラ本体まわりの騒音は，上部で70～75dB(A)，バーナフロア前で85～90dB(A)程度である．ボイラ本体の騒音は，炉内燃焼音，空気ガス流動音，蒸気流動音などがある．ボイラ本体は，音源が大きいため，騒音の距離減衰が小さく，敷地境界に対する影響が無視できない場合が多い．

防音対策としては，個々の音源に対する方法と全体としての対策とがあるが，音源が大きく完全な低騒音化はむずかしい．一部では遮音壁を設けるところもある．

またボイラ設備に付随する主蒸気，補助蒸気用安全弁などの作動時は，外部の騒音レベルが上昇することがあるので，排気消音器設置などの対策が必要である．

弁類

弁類は，騒音レベルが80～100dB(A)の範囲にばらついており，かつ数量も多く，配管とともに総合的に発電所外部に影響する．騒音対策としては，一般的につぎの方法をとる．

・弁本体を防音ラギングや防音箱で覆う．
・弁付近に局部的に遮音壁を設置．
・低騒音形の弁の使用．
・配管を防音ラギングで覆う．
・配管内にサイレンサの設置．

(6) ボイラ付属設備

ボイラ補機

通風機のほかに，ガスインジェクションファン，燃料油ポンプ，補助ファン，空気圧縮機などの音源となるボイラ補機がある．

これらについては，

・遮音材をケーシング表面に装着する．
・低騒音モータ（サイレンサまたは空気冷却器付）の使用
・鋼板製防音囲あるいは遮音壁の設置

などの対策の組合せを行っている．

(7) その他

(a) タービンおよび発電機

タービン発電機に対してはラギングカバーと称するケーシングを施し，これが機器の保護と同時に遮音カバーの役割を果たさせることが普通である．また屋内式とすることも騒音低下対策として非常に有効である．なお発電機では鉄心材料の高級化ならびに締付けの確実化などがある．

(2) 各種補機

防音壁の設置や吸音ダクトの取付け，あるいは水冷式として電動機を全密閉化する方法もとられている．一般に電動機はサイレンサを設ける方法がもっとも広く採用されている．

8 温排水対策

8・1 温排水の放出と拡散

図8・1は火力発電所における復水器冷却水系統の概念図である．

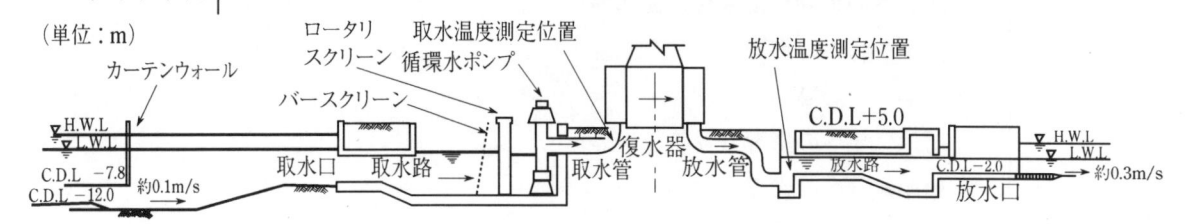

図8・1 復水器冷却水系統の概念図

取水口から取入れられた海水冷却水は，復水器を通過するときに蒸気から熱をうばうことにより約6～7℃水温が上昇し，放水口から放水される．

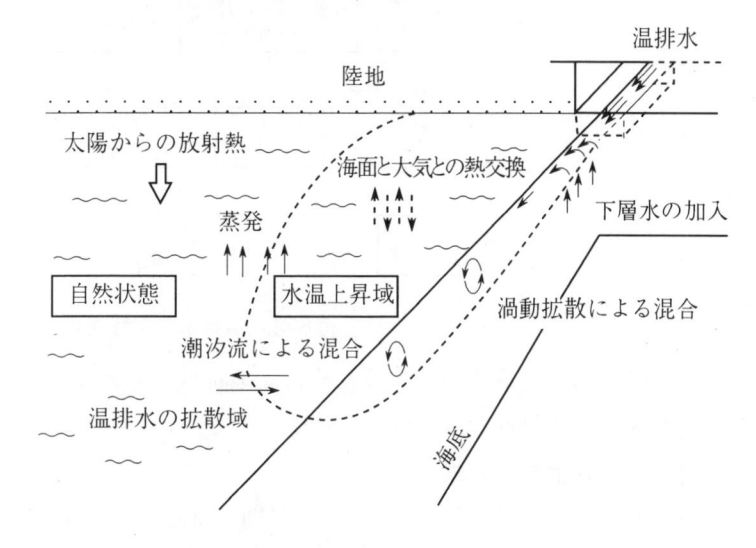

図8・2 温排水の拡散・冷却過程

放水口から海域への放出水の拡散・冷却過程を図8・2に示す．海の表層部へ放出された海水の温度は，自然状態の水温（環境水温）より約6～7℃高く，密度が小さいために薄く拡がる．この温排水が海域を拡散し，しだいに熱を失って最終的に環境水温にもどる過程は

(1) 放水の流れによる熱の移動
(2) 周囲の冷海水との混合稀釈（渦動拡散，下層水の加入，潮汐混合）
(3) 海表面からの大気への放熱

の三つの現象が複雑に組合わさって行われる．水温上昇の深さ方向への影響につい

ては，深さ方向より水平方向への熱拡散がはるかに大きいので，一般に海面から2～3m前後の厚さで拡がる．水中放水の場合は表層放水に比べ，高速で放水するため，周囲冷海水の加入による混合稀釈が増大し一般には温排水が海面へ浮上するまでの間に水温上昇値の大半が低減する．海面近くまで拡散しながら上昇した温排水は表層放水と同様の形態で水平拡散する．

8・2　温排水の影響と防止対策

温排水が自然環境に与える影響としては
- 水質への影響（富栄養化促進等）
- 海生生物への影響
- 漁業への影響
- 局地気象への影響（霧の発生等）
- 船舶航行への影響

などがあるが，これらのフローを図8・3に示す．

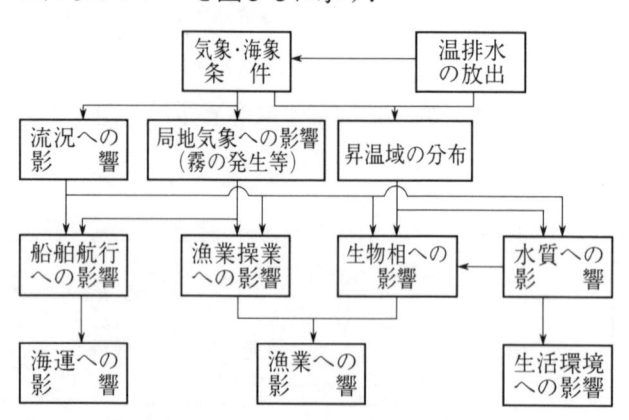

図8・3　温排水の影響フロー

これらの影響を少くするために立地特性を考えて，それに最も適する次のような取水・放水対策が講じられている．

深層取水　　（1）**深層取水方式**

わが国の沿岸においては一般に夏期，海面下3～4mの深さに水温成層が形成され，下層の水温は表層より2～4℃低いことが期待される．この水温成層に着目して，下層のより低温の海水を選択的に取水することにより放水温度を相対的に低下させ，放水口付近の環境水温との差をできるだけ少なくする方式である．

図8・4はこの例を示す．

（2）**温排水放水時の対策**

表層放水　　表層放水方式は，放水速度が遅く船舶への支障が軽減でき，底生生物への影響が少ないなどの利点があるが，水温低減，拡散範囲狭少化の点で難点がある．

混合稀釈放水　　（a）混合稀釈放水方式（復水器バイパス）

復水器冷却系から出た温排水に，別途復水器を通らない冷却水を混合させて水温を低下させ放水する方式である．

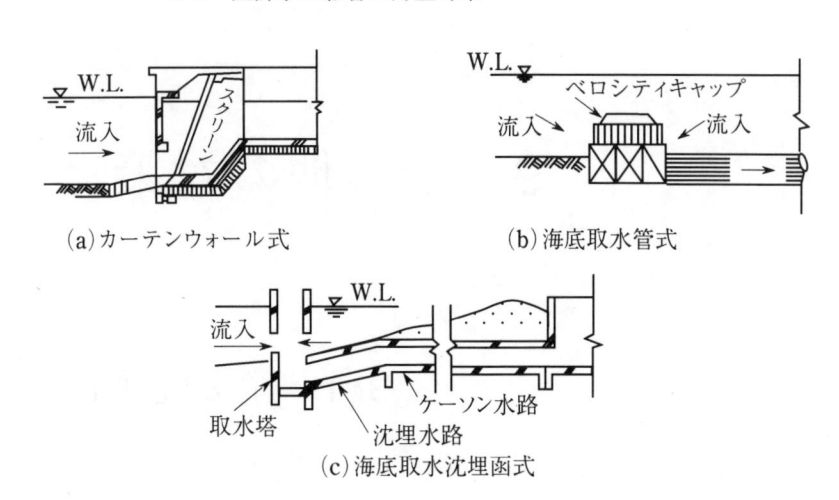

（a）カーテンウォール式　　　　（b）海底取水管式

（c）海底取水沈埋函式

図8・4　深層取水方式の例

有孔斜堤放水口　　(b) 有孔斜堤放水口

　放水口付近の水深が比較的深いところでは，放水口前面に有孔斜堤（下部に孔を設けた堰）を設置して温排水をこの堰から前面に押出し，海域下層部の冷海水と強制的に稀釈混合させて温度上昇を極力少くする方式である．代表的形状を図8・5に示す．

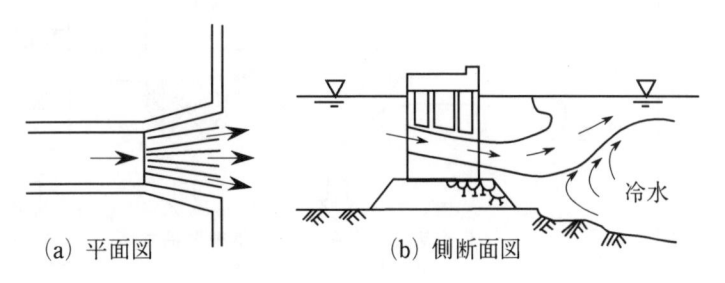

（a）平面図　　　　（b）側断面図

図8・5　有孔斜堤の例

水中放水　　(c) 水中放水（深層放水）

　放水口付近の水深がさらに深い場合に，温排水を深層部の水中に直接放出するか，あるいは，放水管で水深10m以上の海域まで導き先端部に設けた分岐多孔管のノズルから噴流状に放水し，噴流拡散と重力拡散によって下層水との混合稀釈効果を高め海面へ浮上するまでの間に十分な水温の低減をはかる方式である．

9 その他の対策

9・1 産業廃棄物

　火力発電所は発電を目的とし，燃料を燃焼させて蒸気を発生させ，そのエネルギーで電気を発生させているが，図9・1に示すようにその目的とする電力の発生以外に副生成物が発生する．

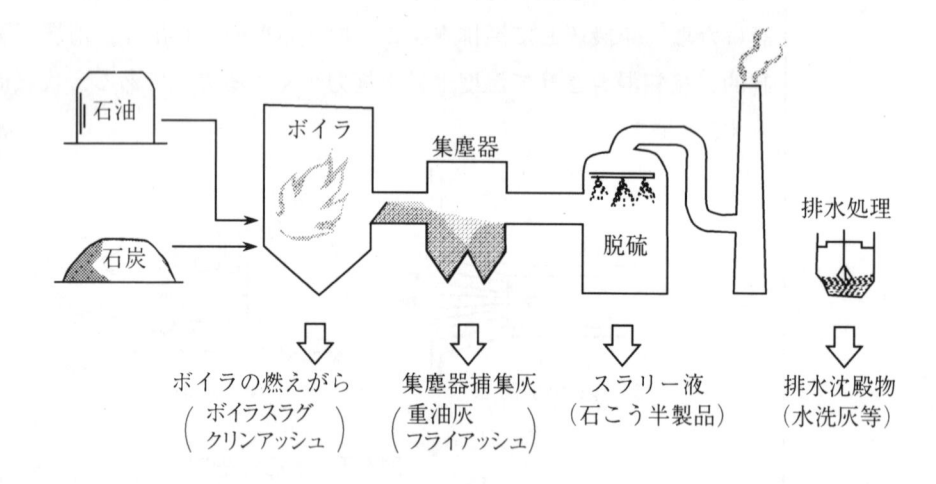

図9・1　火力発電所の副生成物

副生成物　副生成物の代表なものには次のようなものがあり，その発生割合は図9・2に示すとおりである．

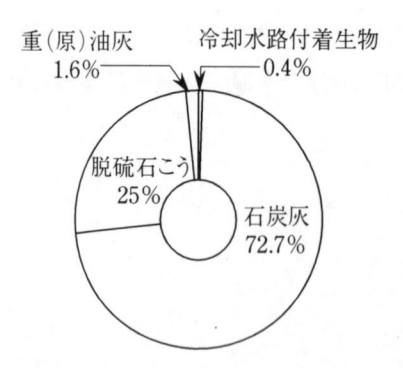

図9・2　火力発電所副生成物発生割合

(1) 石炭灰
(2) 脱硫石こう
(3) 重（原）油灰
(4) 排水処理汚泥
(5) 冷却水路付着生物 等

産業廃棄物　このほかにも産業廃棄物としては，排ガス中のばい塵を集塵器で捕集した捕集灰，

-34-

ボイラ底部等に堆積したもえがらなどがあり，これらの廃棄物は普通次のように処理されている．

石油火力　（1）石油火力では　捕集灰および排水処理装置の沈殿物については，発電所内の専用の焼却炉で焼却して減量したのち，灰に含まれている資源を回収し有効利用するよう専門業者に委託される例が多い．また，年1回程度の定期保修時にボイラから出る少量のもえがらについても同じである．

石炭火力　（2）石炭火力では　集塵器で捕集したり，ボイラ底部から排出された石炭灰や排水処理装置の沈殿物は，できるだけ有効利用をはかるようセメント用原材料としてセメント会社に売却し，残りは構内に設けた灰捨場で処分するかもしくは専門の処理業者に委託されることが多い．

9・2　炭　塵

炭塵　石炭火力発電所における炭塵発生箇所は図9・3に示すような場所である．これに対していろいろな飛散防止対策がとられているが，その対策のポイントは，他の環境対策と同様に発生源対策にある．炭塵はいったん発生してしまうと，それを捕集したり拡散を防止するのはほとんど不可能といえるので，発塵要因の除去あるいは軽減といった発塵防止対策が重要である．

（　炭塵発生箇所）

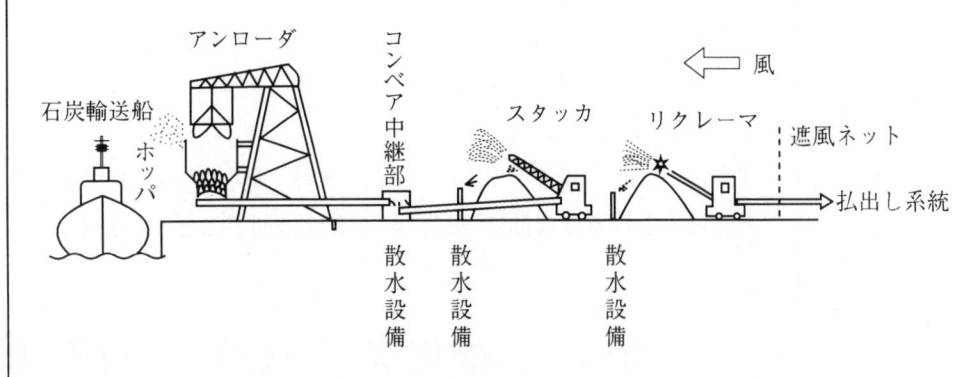

図9・3　石炭の取扱いと炭塵発生箇所の概要

基本的には
・風速を低減させる．
・散水する．
・密閉する．
である．
表9・1は炭塵飛散防止対策の例を示す．

9 その他の対策

表9・1 炭塵飛散防止対策の例

設　備	主な炭塵飛散防止対策	概　念　図
揚炭機	・防風板 ・散水装置	グラブバケット式／連続式
コンベア	・防風板 ・ギャラリ，チューブ方式 ・シールベルト方式	開方式／ギャラリ方式／シールベルト方式
スタッカ	・積付シュート ・散水装置 ・落差一定制御	スタッカ
貯炭設備	・遮風フェンス ・散水（飛散防止剤注入）装置 ・屋内式貯炭	屋外式／屋内式
リクレーマ	・防風カバー ・散水装置	リクレーマ

9・3 漏油・廃油

　発電所で使用する油には，燃料油と潤滑油と変圧器油などがある．
　燃料油については，可能な限り燃料として利用し，燃料タンクの残渣は産業廃棄物として処分されている．
　潤滑油・変圧器油などについては，取替え時，廃油として生じる場合は，そのつど別途処分される．漏油処理についてもほぼ同じことがいえる．

9・4 二酸化炭素（CO_2）対策ほか

地球環境問題　　環境問題が注目を集めているが，この問題は原因や影響が一国のことだけにとどまらないで地球規模に及ぶため，これを地球環境問題と呼んでいる．
　これは世界の人口増加が急激に進んだため地球の持つ浄化能力が人間活動の活発化，拡大化についてゆけなくなったために発生したものであり，被害が発生してから対策を講じても元に戻すことができないが，戻せたとしても長い期間がかかる厄介な問題である．具体的に取上げられている問題はつぎのようなものがある．
　(1) 地球の温暖化
　(2) 酸性雨
　(3) 森林の減少

9・4 二酸化炭素（CO_2）対策ほか

(4) 砂漠化
(5) 野生動物の減少
(6) オゾン層の破壊
(7) 有害物質の越境移動
(8) 海洋汚染

このうち本書に関係する事項に限定して説明を加えることにする．

地球温暖化

(1) 地球温暖化

地球はCO_2，水蒸気，メタン，亜酸化窒素，オゾン，フロンなどのガスの層で取囲まれているが，これらは太陽からくる可視光線（熱エネルギー）をほぼ完全に通す一方，逆に地上から放出する赤外線（熱エネルギー）を妨げる効果をもっている．

温室効果
温室効果ガス

この効果はちょうど，温室のガラスに似た効果であるため，これを温室効果と称している．このためこれらのガスを温室効果ガスと呼んでいるが，しかしこのガスがなければ，地球の平均温度は現状の15℃から－18℃まで下がるといわれている．逆に温室効果ガスが増えれば温室効果が高くなり，地球の平均温度が上がるといわれている．これが地球の温暖化である．

この温度効果の半分以上はCO_2が寄与している．ところが大気中のCO_2濃度は観測結果によると確実に増加の一途をたどっている．この温暖化がさらに増加すると南・北極の氷の融解による海面の水位上昇，干ばつ，異常気象が起り，生態系全体に大きな影響を及ぼすことが懸念される．

CO_2対策

(2) CO_2対策

地球温暖化とCO_2の濃度上昇の関係を科学的に証明するには長い年月が必要であるが，これが明確になってからでは遅すぎるために，国際的な協調のもとにCO_2濃度の抑制，削減対策が進められている．

そもそも化石燃料を燃焼させると必ずCO_2が排出されるため，排出抑制対策には自ら限界があるが，CO_2の排出抑制対策として考えられるものは効率向上である．

CO_2の回収技術そのものはすでに確立されているが，これを火力発電所のような大量発生源に適用するのはまだ困難で，実用化が急がれている．主なCO_2の回収技術としては，

(1) 吸収液にCO_2を化合させ，分離・回収する化学吸収法
(2) 固体吸収剤の細孔にCO_2を物理的に吸収させ，分離・回収する物理吸収法
(3) 高分子吸収膜の透過速度の違いを利用してCO_2を分離・回収する膜分離法

などが考えられるけれども，昨今わが国におけるCO_2の抑制対策としては表9・2のようなものがあげられる．

酸性雨

(3) 酸性雨

酸性雨や酸性霧というのは，通常の雨や霧の水素イオン濃度より低いものをいうけれども，数字的には中性はpHが7，通常の雨はpH5.6程度である．このような酸性雨をもたらすもとになるのは化石燃料の燃焼ガスや火山の噴煙に含まれている硫黄酸化物（SO_X）や窒素酸化物（NO_X）が，大気中で雨や霧の中に溶けこむからだと考えられている．

酸性雨は，湖沼のpHを低下させて魚を死滅させ，森林を枯死させるといわれて

9 その他の対策

表9・2 CO_2の抑制対策

	対応策の種類	対応策の概要
技術的対応策	植林によるCO_2呼吸	光合成植物によるCO_2の吸収を促進．熱帯雨林の減少や酸性雨による森林破壊対策にも寄与．
	省エネルギー	エネルギー利用効率の向上により化石燃料消費量を抑制する．米国，ロシアなどのエネルギー消費大国や中国などの発展途上国はエネルギー効率が高くないため，省エネの効果は大きい．
	エネルギー選択	CO_2を発生しない（原子力），または発生量の少ない（天然ガス）エネルギーを選択的に拡大．
	新エネルギー	水力，太陽光，風力，地熱などの再生可能な自然エネルギーの導入，自然条件によっては有効な地域がある．燃料電池，石炭ガス化複合発電などの新規技術によるエネルギーの開発．
	CO_2除去，固定化	吸収媒体によりCO_2を回収・固定化し，深海などに投棄，藻類や珊瑚などの光合成作用，光に反応する触媒を用いた人工光合成によるCO_2吸収．
制度的対応策	省エネルギー社会システム	個別機器の効率的組合せ，廃棄利用，リサイクルシステム，電力負荷平準化，交通渋滞解消，休日の増加，サマータイム制など総合的な省エネルギー形社会システムの構築．
	CO_2排出量規制	国際的合意に基づき，CO_2排出量を各国政府の直接的規制により抑制する．緊急に削減効果をあげるためには，もっとも効果的な方法．この他，排出課徴金システムや排出権売買システムなどの経済的措置，CO_2税などの制裁的措置．

いる．すでにヨーロッパではこの被害が実際に発生している．各国ともこの対策を立てているが，わが国では大気汚染防止法によってSO_X，NO_Xの排出量規制が行われ，脱硫・脱硝装置が採用されていて，この面に対しては世界のトップレベルにあるといえる．なお，**図9・4**は火力発電所の公害防止設備の概要を示す．**表9・3**は主な地球環境問題の概要を示す．

表9・3 主な地球環境問題の概要

オゾン層の破壊	クロロフルオロカーボンの大気中への放出に伴い，成層圏のオゾン層が破壊され，有害紫外線が増大．その結果，皮膚ガンの増加等の健康影響や生態系への悪影響などが懸念．
地球温暖化	二酸化炭素等の温室効果を持つガスの大気中の濃度上昇により地球の平均気温が2025年には約1℃，21世紀末には約3℃上昇し，海面が2030年には約20cm，21世紀末には約65cm上昇すると予測．降水パターンの変化等による農業生産等への影響も懸念．
酸性雨	硫黄酸化物，窒素酸化物等により，酸性の強い降雨が観察されヨーロッパ，北米等で森林，湖沼等への被害が発生．
有害廃棄物の越境移動	開発途上国への有害廃棄物の不適正な輸出に伴う環境問題が発生．
海洋汚染	油，浮遊性廃棄物，有害化学物質等による海洋全般の汚染の進行が懸念．
野生生物の種の減少	1990～2000年の間に全世界の5～15%の野生生物種が絶滅すると予測．
森林(熱帯林)の減少	毎年，熱帯林が1 540万ha減少していると推測．
砂漠化	地球の全陸地の4分の1，世界人口の6分の1に砂漠化の影響．

9・4 二酸化炭素（CO_2）対策ほか

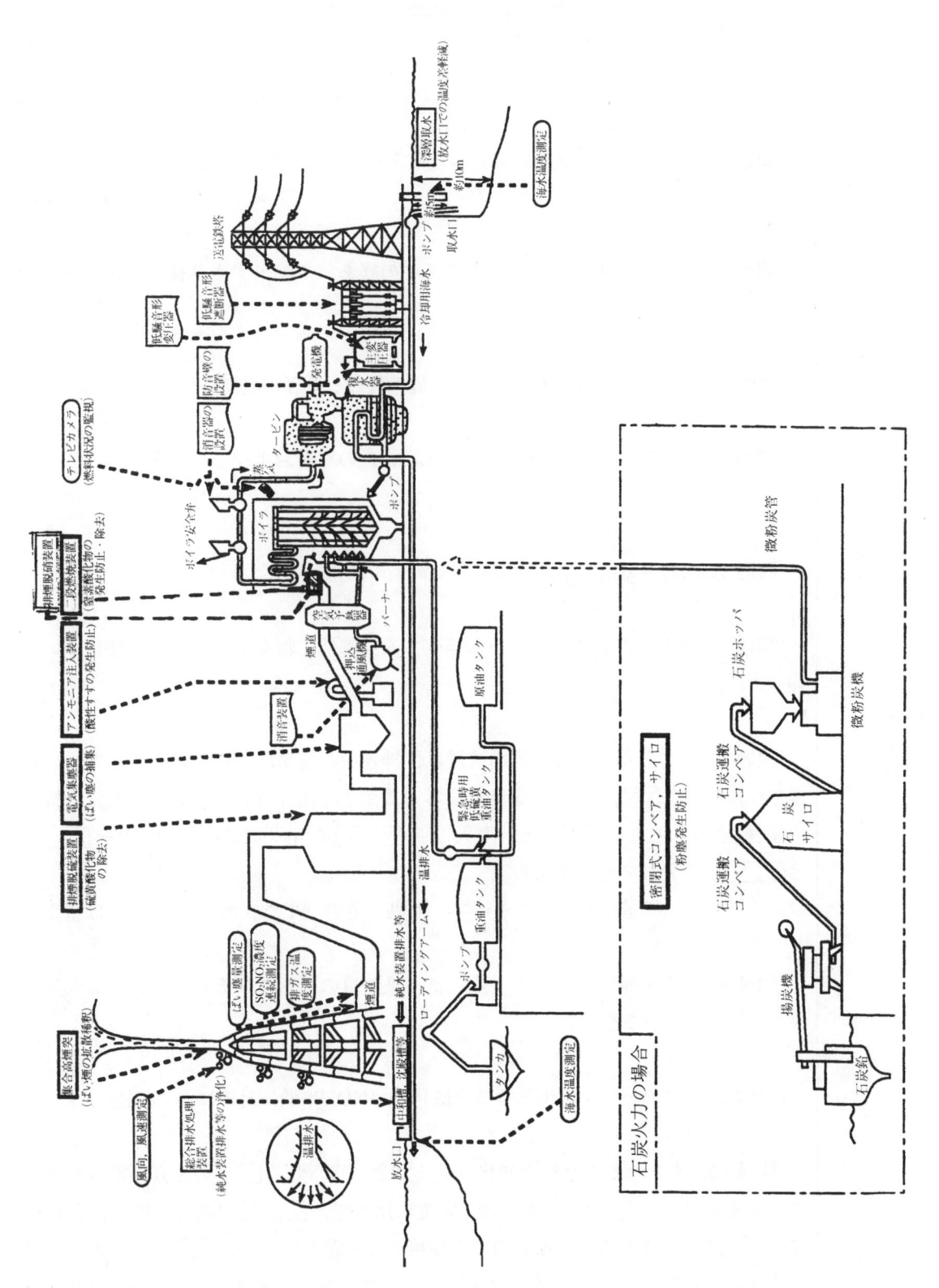

図 9・4 火力発電所の公害防止設備の概要

−39−

演習問題

〔問題1〕コットレル電気集塵装置の放電電極の電圧〔V〕は，ふつう

(答　30～60 kV)

〔問題2〕火力発電所において煙道ガス中の塵あいを除去する各種の方法を説明せよ．

〔問題3〕火力発電所に使用する集塵装置の種類と原理の概要について述べよ．

〔問題4〕電気集塵法（electric precipitation）の原理およびその応用について述べよ．

〔問題5〕火力発電所の排煙による大気汚染の防止対策について述べよ．

〔問題6〕発電用の重油ボイラから発生する窒素酸化物を減少させる方法について述べよ．

〔問題7〕火力発電所の排煙脱硝装置は，排煙中の窒素酸化物を除去するために設置され，排煙を□□□温のまま処理する方式が多く用いられる．この方式は，排煙中に還元剤として，□□□を注入し，□□□を用いて窒素酸化物を□□□と□□□に分解するものである．

(答　高，アンモニア，触媒，窒素（または水），水（または窒素））

〔問題8〕火力発電所から発生する大気汚染物質の種類及びそれぞれによる大気汚染防止対策について述べよ．

〔問題9〕ガスタービン燃焼器の窒素酸化物（NO_x）低減対策について述べよ．

〔問題10〕水素などの燃料を酸化させるときに得られる□□□を直接電気エネルギーに変換する□□□発電は，火力発電に比べて，□□□が高く，また，原理的に□□□や回転を必要としないので，環境への影響も小さく，□□□形電源として期待されている．　(答　化学エネルギー，燃料電池，発電効率，燃焼，分散)

索引

英字

2段燃焼方式	16
CO_2対策	37
EP	8

ア行

硫黄酸化物	4, 12
オキシダント	15
温室効果	37
温室効果ガス	37
温排水	31

カ行

ガスタービン燃焼器	20
化学洗浄排水	23
乾式EP	9
乾式脱硫装置	14
環境水温	31
金属イオン	24
空気予熱器水洗排水	23
コンクリート防音建屋	28
公害	1
公害対策基本法	2
高温EP	10
合成吸着剤処理	25
混合稀釈放水	32

サ行

サーマルNO_x	20
産業廃棄物	34
酸性雨	37
シングルサイクロン	8
集合高煙突	12
集塵器水洗排水	23
集塵極	8
集塵装置	6
重油だきボイラ排ガスダスト	10

サ行（続）

循環水ポンプ	29
深層取水	32
水中放水	33
生活排水	24
石灰石―石こう法	14
石炭火力	35
石油火力	35
選択接触還元法	17
騒音レベル	27

タ行

タービン	29
大気汚染物質	4
大気汚染防止	4
脱硝装置反応器	18
脱硫技術	12
脱硫排水	23
炭塵	35
地球温暖化	37
地球環境問題	36
窒素酸化物	4, 15
通風機	29
低NO_xバーナ	17
低温EP	10
定常排水	22
透過音	29

ナ行

二酸化炭素	5
熱的NO	15
燃料NO	15

ハ行

ばい塵	4
排ガス	15
排ガス混合燃焼方式	17
排煙脱硝技術	17

索引

排煙脱硝装置を設置 16
排煙脱硫 13
排水 22
排水処理 24
排水処理系統 25
非定常排水 23
飛散灰 6
表層放水 32
フュエルNO_x 20
フライングダスト 10
副生成物 34
復水器冷却水系統 31
弁類 30
ボイラ 30
ボイラ補機 30
放出蒸気音 27
防音タンク方式 28
防音壁 28

マ行
マルチサイクロン 8

ヤ行
有孔斜堤放水口 33

ラ行
ろ過装置 24

d－book
火力発電所の環境保全

2000年11月9日　第1版第1刷発行

著　者　　千葉　幸
発行者　　田中久米四郎
発行所　　株式会社電気書院
　　　　　東京都渋谷区富ケ谷二丁目2-17
　　　　　（〒151-0063）
　　　　　電話03-3481-5101（代表）
　　　　　FAX03-3481-5414
制　作　　久美株式会社
　　　　　京都市中京区新町通り錦小路上ル
　　　　　（〒604-8214）
　　　　　電話075-251-7121（代表）
　　　　　FAX075-251-7133

印刷所　創栄印刷株式会社
Ⓒ2000MiyukiChiba　　　　　　　　　　Printed in Japan
ISBN4-485-42955-5　　　　［乱丁・落丁本はお取り替えいたします］

〈日本複写権センター非委託出版物〉

　本書の無断複写は，著作権法上での例外を除き，禁じられています．
　本書は，日本複写権センターへ複写権の委託をしておりません．
　本書を複写される場合は，すでに日本複写権センターと包括契約をされている方も，電気書院京都支社（075-221-7881）複写係へご連絡いただき，当社の許諾を得て下さい．